W0178166

myBook+

Ein neues Leseerlebnis

Lesen Sie Ihr Buch online im Browser – geräteunabhängig und ohne Download!

Und so einfach geht's:

- Gehen Sie auf **https://mybookplus.de**, registrieren Sie sich und geben Ihren Buchcode ein, um zu Ihrem Buch zu gelangen
- **Ihren individuellen Buchcode finden Sie am Buchende**

Wir wünschen Ihnen viel Spaß mit myBook+!

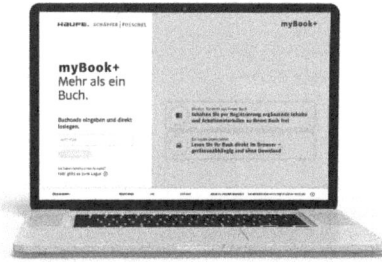

#REFRESH

CEO BRANDING FÜR LEADER UND LEADERINNEN

Ein Guide für dynamisches Personal Branding
von **OXANA ZEITLER**

Haufe Group
Freiburg · München · Stuttgart

Bibliografische Information der Deutschen Nationalbibliothek

Die Deutsche Nationalbibliothek verzeichnet diese Publikation in der Deutschen Nationalbibliografie; detaillierte bibliografische Daten sind im Internet über http://dnb.dnb.de/ abrufbar.

Print:	ISBN 978-3-648-17512-5	Bestell-Nr. 13129-0001
ePub:	ISBN 978-3-648-17513-2	Bestell-Nr. 13129-0100
ePDF:	ISBN 978-3-648-17514-9	Bestell-Nr. 13129-0150

Oxana Zeitler
#REFRESH – CEO Branding für Leaderinnen und Leader
1. Auflage, 2023

© 2023 Haufe-Lexware GmbH & Co. KG, Freiburg
www.haufe.de
info@haufe.de

Coverdesign, Layout, Titel: Oxana Zeitler, vision2brand, 10707 Berlin

Produktmanagement: Jürgen Fischer
Lektorat: Ursula Thum, Text+Design Jutta Cram, Augsburg

Dieses Werk einschließlich aller seiner Teile ist urheberrechtlich geschützt. Alle Rechte, insbesondere die der Vervielfältigung, des auszugsweisen Nachdrucks, der Übersetzung und der Einspeicherung und Verarbeitung in elektronischen Systemen, vorbehalten. Alle Angaben/Daten nach bestem Wissen, jedoch ohne Gewähr für Vollständigkeit und Richtigkeit.

Sofern diese Publikation ein ergänzendes Online-Angebot beinhaltet, stehen die Inhalte für 12 Monate nach Einstellen bzw. Abverkauf des Buches, mindestens aber für zwei Jahre nach Erscheinen des Buches, online zur Verfügung. Ein Anspruch auf Nutzung darüber hinaus besteht nicht.

Sollte dieses Buch bzw. das Online-Angebot Links auf Webseiten Dritter enthalten, so übernehmen wir für deren Inhalte und die Verfügbarkeit keine Haftung. Wir machen uns diese Inhalte nicht zu eigen und verweisen lediglich auf deren Stand zum Zeitpunkt der Erstveröffentlichung.

Inhaltsverzeichnis

Refresh!

»Social Media is a beautiful, happy, rich, relaxed, adventurous and exceptional place.« Diesen Satz hat der Gründer, CEO und Milliardär Saygin Yalçin auf Facebook gepostet. Ich finde, schöner kann man es nicht sagen. Im Personal Branding sind die sozialen Medien der Gamechanger des dritten Jahrtausends. Und alles deutet darauf hin: Ihre Erfolgsgeschichte hält an.

Denn die Social-Media-Welt dreht sich rasant. LinkedIn wird persönlicher, BeReal etabliert sich als Trend-App, Video-Content ist essenziell, TikTok kennt kein Ende, Twitter sollte man nicht unterschätzen, Threads hebt ab und ChatGPT liefert Content-Vorschläge, die staunen lassen. Gleichzeitig steigen die Nutzerzahlen, Inhalte werden zunehmend kreativ und mutig, und die ins Berufsleben startende Gen Z mischt die bisherigen Erfolgsmuster auf. Der Trend geht in Richtung Authentizität und Personalisierung. Business Leader und Topentscheider:innen treten aus dem Schatten und kommunizieren als Botschafter ihrer Unternehmen. Die Kanäle, die KPIs, die Monitoring-Systeme sind dafür nur Tools. Im Fokus stehen die fesselnden Inhalte, die Kreation, die eigene Persönlichkeit, die Wertschätzung für Kunden, Mitarbeiter und Partner. Oder wie das Forbes Magazine schreibt – ein Vierteljahrhundert nach der Erfindung des Personal Branding heißt der wichtigste Personal-Branding-Trend:

Being extra human![1]

Wenn Sie dieses Buch lesen, sind die sozialen Medien ganz sicher kein Neuland und Personal Branding sehr wahrscheinlich kein Fremdwort für Sie. Vermutlich haben Sie sich schon einen Namen als Marke gemacht oder Sie sind gerade dabei. Vielleicht sind Sie sogar schon so weit, dass Sie sich ein bisschen zurücklehnen in dem guten Gefühl, Ihre Personal Brand laufe praktisch von selbst. Seien Sie sich dessen bitte nicht zu sicher! Was als Selbstläufer gilt, hat seine beste Zeit oft schon hinter sich. Ohne dass es gleich auffällt, mangelt es am Wichtigsten, was Personal Branding ausmacht: Es fasziniert und beflügelt nicht mehr.

Auch etablierte Marken tun daher gut daran, innovative Kanäle und Formate zur Kenntnis zu nehmen. Natürlich brauchen wir unsere Personal Brands nicht von Grund auf neu zu erfinden, nur weil plötzlich Reels als das neue große Ding gelten. Aber eine Auffrischung verleiht jeder Marke Glow. Das Motto für mein neues Buch heißt deshalb: »Refresh!«. Mit einem LinkedIn-Account allein wird es nämlich sehr bald nicht mehr getan sein. Leaderinnen und Leader, die herausragen möchten, brauchen eine facettenreiche Repräsentanz, um ihre Persönlichkeit erlebbar zu machen.

Schon jetzt sind die besten, erfolgreichsten CEO-Brands überall und in allen Formaten anzutreffen: online und offline. Als Speaker auf dem Podium und als Podcast-Gast auf Spotify. Im YouTube-Video und im Interview mit einem Wirtschaftsmagazin. Es gibt Leader:innen, die in der Vogue Impulse setzen, und CEOs, die Bücher veröffentlichen und damit die Bestsellerlisten stürmen. Die stärksten Personal Brands ruhen sich nicht auf ihrer Reichweite und ihren Interaktionen aus. Sie stellen Gewohnheiten auf den Kopf, überraschen, inspirieren und lassen sich inspirieren.

Für Sie und mich heißt das: CEO-Branding ist ein dynamischer Prozess. Was beim Branding von Spitzenpersönlichkeiten heute noch zieht, kann schon morgen von gestern sein. Wenn unsere Personal Brands frisch und relevant bleiben sollen, brauchen wir neue Impulse, Vorbilder und Ideen. Zugleich finden wir immer raffiniertere Möglichkeiten, Einfluss zu nehmen und Wirkkraft zu entfalten.

Vor diesem Hintergrund habe ich dieses Buch geschrieben. Ich habe mir überlegt, welche CEO-Brands derzeit am meisten begeistern, überraschen und inspirieren.

- Was können wir von ihnen lernen? Was machen sie goldrichtig?
- Mit welchen übergeordneten Themen positionieren sie sich? Welche Botschaften senden sie?
- In welchen Formaten brillieren sie?
- Was trauen sie sich?
- Wie setzen sie Impulse?
- Welche Erkenntnisse teilen sie?
- Wie machen sie ihre Strategie begreifbar?
- Wie nutzen sie ihr Personal Branding, um sich vom Start weg einen Namen zu machen?
- Und wie halten sie ihre Marke über ein ganzes langes Berufsleben hinweg relevant?

Dabei herausgekommen sind Geschichten von jungen, klug kommunizierenden Managerinnen wie LinkedIn-Top-Voice Lunia Hara und weltweit bekannten CEOs wie Tim Höttges oder Satya Nadella. Von Leaderinnen der nächsten Generation wie der Schweizerin Yaël Meier. Von CEOs wie BOSS-Chef Daniel Grieder, die beweisen: Man muss der Generation Z nicht angehören, um sie als Kunden zu überzeugen und als ideenreiche Partner ins Boot zu holen. Von Role Models wie der SUSE-Chefin Melissa Di Donato, die ihr Unternehmen an die Börse führt und trotzdem die Zeit findet, einen mitreißenden Dialog mit ihrer Community zu führen. Und dann gibt es noch die Geschichte des ukrainischen Präsidenten Wolodymyr Selenskyj. Sie steht für sich allein und zeigt doch wie keine andere, was kommunikative Leadership bewirken kann, auch wenn es ernst wird. Gerade wenn es ernst wird.

Denn Beziehungsaufbau, Kontaktpflege und der soziale Dialog mit anderen Menschen sind wichtig. Sie bringen uns nicht nur in unseren Karrieren voran. Vor allem befähigen sie uns, gemeinsam unsere Welt zu verändern. Für mehr Verständnis, Nachhaltigkeit und Diversität, gegen Vorurteile und verknöcherte Gedankenstrukturen.

Wollen Sie als Personal Brand eine führende Rolle übernehmen? Dann lassen Sie sich inspirieren. Entdecken Sie wegweisende Rollenvorbilder. Erkunden Sie die grandiosen Möglichkeiten, die CEO-Branding bietet. Und heben Sie dann Ihr eigenes Branding auf die nächste Stufe. Egal, auf welcher Ebene Sie sich derzeit bewegen: Je mehr Menschen Sie erreichen, je mehr Ihre Marke herausragt, je mehr Sie als Persönlichkeit erlebbar sind, desto mehr Wirkung können Sie entfalten.

Und wissen Sie was? Jede kleine Anpassung hilft. Aus jedem inspirierten Post und jeder konsequent umgesetzten Idee kann etwas Großes entstehen. Ich finde: Das macht bei allem Aufwand ziemlich glücklich!

01
ROCK IT LIKE TIM
#EinerWieKeiner

Es gibt viele gute Rollenvorbilder, wie man sich als Top-Leader in den sozialen Medien bewegt. Doch im deutschsprachigen Raum ist Timotheus Höttges mein klarer Favorit. Der Telekom-CEO versammelt auf LinkedIn im Vergleich zu anderen DAX-40-Chefs viele, aber nicht die allermeisten Follower hinter sich. Was mich an ihm beeindruckt, ist seine Gabe, seine Botschaft über alle Medien, Kanäle und Formate hinweg zu transportieren: in den klassischen wie in den sozialen Medien, am Rednerpult und vor der Kamera, auf LinkedIn und auf TikTok, geskriptet in der Telekom-Hauptversammlung und ohne Teleprompter als Podcast-Gast. Er überzeugt als dynamischer und authentischer Redner, erfüllt seine Mitarbeiterinnen und Mitarbeiter mit neuem Stolz auf ihr Unternehmen, inszeniert sich digital souverän und bezieht klar Stellung zu politischen und gesellschaftlichen Themen. Mit seiner Zuversicht wirkt er ungewöhnlich authentisch, erlebbar und unkompliziert. Scheinbar mühelos verkörpert er genau die Eigenschaften, die sich junge Zielgruppen bei Konzernlenkern besonders dringend wünschen.[2] Wenn Sie also nach Anregungen suchen, wie Sie Ihre persönliche Marke schärfen, dann kommen Sie an Tim Höttges nicht vorbei.

Mit brillanter Kommunikation an der Spitze

Seine Nerd-Brille fällt als Erstes auf. Sie ist Höttges' Markenzeichen. Obwohl er die 60 schon überschritten hat, schimmert immer noch etwas von dem staunenden Jungen durch, der nicht fassen kann, dass sein Berufswunsch wahr geworden ist. Denn während andere Kinder in seiner Klasse Cowboy, Pilotin oder Rennfahrer werden wollten, wusste Tim Höttges von klein auf: Ich möchte einmal Chef eines großen Unternehmens sein. Vor einigen Jahren hat sich sein Kindheitstraum erfüllt. 2014 übernahm Höttges bei der Telekom den CEO-Sessel. Seither steuert er den Konzern durch die Höhen und Tiefen der Börsen und Tech-Märkte und zählt zu den markantesten Repräsentanten der deutschen Wirtschaft. 2020 kürte das manager magazin ihn zum Manager des Jahres. Höttges' Reputation speist sich aber nicht nur daraus, dass er Deutschlands größten Telekommunikationsanbieter führt. Sein CEO-Branding steht und fällt mit seiner Persönlichkeit. Er gilt als jemand, der ohne Allüren an der Spitze steht.[3]

»Mir ist der Kartoffelacker stets näher als das Rosenbeet. Bodenständig und anständig – so wünsche ich mir die Telekom«,

sagt er in einem Interview. Der Satz ist typisch für ihn: kurz, einprägsam, alltagsnah. Tatsächlich reicht rhetorisch niemand an Höttges heran.[4] Seit 2017 hält er den Spitzenplatz als bester Redner auf DAX-Hauptversammlungen. Zu diesem Urteil kommt jahrein, jahraus der Verband der Redenschreiber deutscher Sprache (VRdS).[5]

Einblicke in den CEO-Alltag

Die rhetorische Brillanz, die seine Reden und Vorträge hörenswert macht, spielt Höttges auch auf LinkedIn, TikTok und Facebook aus. Dank der Zahl seiner Follower, Beiträge und Publikumsreaktionen gehört er zu den wichtigsten CEO-Influencern. Seine Accounts erweisen sich als Fundgrube für alle, die Anregungen suchen, den eigenen Auftritt mit Leben zu füllen. Wie es inzwischen üblich ist, lässt er sein Publikum an seinem Alltag als CEO eines Telekommunikationsriesen teilhaben, zum Beispiel wenn er mit E.ON-Chef Leonhard Birnbaum oder TUI-Vorstand Sebastian Ebel Möglichkeiten für Innovation und Zusammenarbeit auslotet. Seine Social-Media-Accounts spiegeln aber auch wider, was Höttges persönlich bewegt, belustigt und begeistert. Diese breit aufgestellte Strategie führt zu Posts, wie wir sie bei CEOs nicht alle Tage sehen:

- In einem LinkedIn-Post zeigt er sich bei seiner ersten E-Scooter-Tour zu einem Kundentermin gemeinsam mit dem CEO der Post DHL, Frank Appel.
- Ein anderes Mal postet er einen Schnappschuss, wie er Microsoft-CEO Satya Nadella die Sonderedition magentafarbener Adidas-Sneaker überreicht.
- Wir sehen, wie er ein Paar alte Jeans zum »Upcycling« zum Sammelbehälter auf dem Telekom-Gelände trägt.
- In einem TikTok-Video erklärt er hands-on das neue Smartphone der Telekom und brilliert in seiner Lieblingsrolle: der des Telekom-Chefverkäufers: »Uns schauen von hinten vier Kameralinsen aus dem Gehäuse an.«[6]

Posts wie diese passen auf den ersten Blick so gar nicht zum Status eines Konzernchefs. Vielleicht kommen sie Ihnen sogar sinnfrei vor. Der Telekom-CEO verfolgt damit aber eine wichtige Kommunikationsabsicht: Mit seinen unprätentiösen Beiträgen erreicht er Menschen, die nicht täglich die Aktienkurse beobachten und Whitepapers über neue technologische Entwicklungen lesen. Auch zu ihnen sucht Höttges die Verbindung, auch von ihnen möchte er verstanden werden.

Nummer 1 im Verständlichkeitsranking

Nahbarkeit zeichnet Tim Höttges nicht nur im Auftritt, sondern auch rhetorisch aus. Wie alle CEOs kommuniziert er komplexe und manchmal heikle Inhalte. Aber er braucht dafür keine langen Sätze, keine komplizierte Sprache. Stattdessen schildert er Aktionärinnen und Aktionären die Lage seines Konzerns, als würde er, so formulierte es die Wirtschaftswoche, Freunden voller Begeisterung von einer Mountainbike-Tour berichten.[7] Nach dem Hohenheimer Verständlichkeitsindex erreicht Tim Höttges mit 19,9 Punkten auf einer Skala von 0 bis 20 einen kaum zu überbietenden Spitzenwert in Ausdruck und Prägnanz. In den letzten Jahren kommunizierte kein Redner nachvollziehbarer und klarer als der Vorstandsvorsitzende der Telekom.[8]

Er kommt auf den Punkt, setzt Pausen und Betonungen, formuliert konkret und bildhaft, veranschaulicht das Gesagte mit Anekdoten und beherrscht das Storytelling. Mit seiner Mimik und Sprechweise wirkt er leidenschaftlich, glaubwürdig und von seiner Sache überzeugt. Häufig verzichtet er auf Krawatte und Anzug, seine Argumentation ist nachvollziehbar (»Stabilität ist auch das Thema meiner heutigen Rede. Und dazu fünf Punkte.«) und wenn etwas nicht rundläuft, steht er ohne Wenn und Aber dafür ein: »Ich war naiv.« Oder: »Jedes Funkloch ärgert mich persönlich.« Auch in den sozialen Medien spricht Höttges Klartext: »Wir alle sind gefordert und müssen härter daran arbeiten, intelligente Lösungen für die #Klimakrise zu finden. Das gilt für Unternehmen wie die Telekom und für jeden einzelnen. Und das wird auch mit Verzicht verbunden sein müssen!«[9] So viel Klarheit ist nicht selbstverständlich. Politikerinnen und Politiker können sich davon eine Scheibe abschneiden.

Ein CEO, der Menschen verbindet

Höttges' Mut, sich als Mensch wie du und ich zu zeigen, erzeugt bei seinem Publikum ein Gefühl der Zugehörigkeit und Verbundenheit, wie CEOs es selten vermitteln. Für Höttges ist der Verzicht auf Distanz kein Selbstzweck. Wenn er vom Podest des CEO herabsteigt und sich auf Augenhöhe mit seinem Publikum begibt, verkörpert er den Purpose seines Unternehmens: »We won't stop until everyone is connected.« Höttges versteht unter dem Slogan seines Konzerns mehr als Verbindung und Vernetzung im technischen Sinn. Er will Menschen zusammenbringen. Auf LinkedIn führt er diesen Gedanken aus: »Es liegt in unserer Natur: Wir brauchen den Austausch mit anderen Menschen, um uns zu entwickeln. Teilen ist Nähe. Deshalb teilen wir, was uns wichtig ist, mit denen, die uns wichtig sind. Wir teilen Erlebnisse, Erfahrungen und Überzeugungen, ja manchmal sogar unser Eigentum. Aber auch unser Wissen und unsere Ideen. Und führen sie oft zu etwas Besserem, etwas Größerem. Genau darin liegt unser Antrieb.«[10]

> In den abgehobenen Sphären vieler Chefetagen kommt diese Haltung des Miteinanders noch einer Kulturrevolution gleich.

Für Tim Höttges ist sie schon Wirklichkeit. Auch, weil er sich bewusst darin übt. Zum Beispiel beim Segeln über den Atlantik – wo er nicht Skipper, sondern Matrose ist: »Ich habe nicht die Kompetenz, Kapitän an Bord zu sein.« Probleme, das Ruder aus der Hand zu geben, hat Höttges nicht. Dafür ist er zu reflektiert: »Ohnehin muss man die Rolle des CEO entmystifizieren. Sicher ist es nicht leicht, auf dem Boden zu bleiben, wenn man oft hofiert und natürlich privilegiert wird. Auch darum war so eine Matrosen-Erfahrung für mich gut. Allerdings bin ich auch im Konzern nicht nur am Ruder, sondern auch im Maschinenraum unterwegs.«[11]

Schlittenfahrt mit CEO

Ist der Sommer vorbei, steht der nächste Rollenwechsel an. Dann spielt Höttges nämlich für die Telekom den Weihnachtsmann. Pünktlich zum Fest geht er auf Sendung und dreht eine neue Ausgabe eines Formats, das mittlerweile einen ähnlichen Kultstatus genießt wie die Festtagsspots der Lebensmittelmärkte: Tim Höttges' Weihnachtsansprache. Auch 2022 liefert er wie bestellt: Als Chief Optimism Spender seines Unternehmens lässt er kein Xmas-Klischee aus. Vom schaurig schönen Weihnachtspulli bis zum mit Geschenken beladenen Weihnachtsschlitten bietet er alles auf, was die schönste Zeit des Jahres unwiderstehlich macht. Launig nimmt er seine Zuschauerinnen und Zuschauer mit auf eine glitzernde Schlittenfahrt. Wie im Flug preist er die Erfolge der Telekom im abgelaufenen Jahr: 5G, LTE, Glasfaser bis ins Wohnzimmer, Altgeräte-Recycling, und die Rechte für die dritte Bundesliga hat Magenta sich auch gesichert. Das Lob gilt der Belegschaft: »Schnell und toll, wie ihr das hingekriegt habt. Prost!« Sogar einen Geschenketipp hat Höttges als Chefverkäufer seines Hauses parat: gebrauchte Handys im Telekom-Shop. »Das ist gut für die Umwelt und gut fürs Portemonnaie!« Ho, ho, ho!

Siebeneinhalb Minuten dauert Höttges' fröhliche Reise durch ein Winterwunderland, begleitet von Weihnachtsglöckchen und swingender Fahrstuhlmusik im Christmas-Sound. Da ist nichts handgestrickt, nichts improvisiert. Hinter dem Spot steckt ein enorm hoher Aufwand. Ein kurzes Making-of als Zugabe am Ende des Videos verrät, dass Höttges kein Detail dem Zufall überlässt. Der Weihnachtsspaß mag für manche zu viel des Guten sein: zu viel Sentimentalität, zu viel Kitsch, zu viel Eigenlob. Und vielleicht auch zu viel Gedöns um nichts. Steht man als Geschäftsführer oder CEO keinem DAX-Konzern vor, drängt sich durchaus die Frage auf: Muss das sein? Ist das den ganzen Aufwand wirklich wert? Ich verstehe die Überlegung. Trotzdem meine ich: Wenn man die Möglichkeiten und ein starkes Kommunikationsteam hat – unbedingt! Denn ja, der Telekom-CEO trägt in seinen Weihnachtsvideos dick auf. Doch sein Clip ist mehr als ein Werbespot.

Höttges preist nämlich nicht nur an, er strahlt auch aus: Hoffnung, Zuversicht, Wärme.

Hören Sie noch einmal kurz in den Clip hinein. Bei aller Weihnachtsgemütlichkeit gibt der Telekom-CEO seinem Publikum eine höchst ernsthafte Botschaft mit auf den Weg: »Unsere Aufgabe, Menschen zu verbinden, ist vielleicht wichtiger denn je.« Mit einem einzigen Satz gelingt es Höttges, den Zeitgeist des schwierigen Jahres 2022 in Worte zu fassen.

Auch Höttges' Appell am Schluss geht über sentimentales Weihnachtsgeplänkel und die üblichen guten Wünsche hinaus: »Passen Sie auf sich auf! Aber passen Sie auch auf andere mit auf!« Wenige Worte nur. Aber sie veranschaulichen das Führungsverständnis, das wir im 21. Jahrhundert benötigen, besser als es drei Meter Fachliteratur könnten: Der CEO von heute bringt Menschen zusammen und hilft ihnen, gemeinsam glücklich und erfolgreich zu sein.

Auch außerhalb der Komfortzone souverän

Die eigenen Profile in den sozialen Medien bieten ähnlich wie Wort für Wort ausformulierte Reden viel Sicherheit und, sofern man wohlüberlegte Stories veröffentlicht, wenig Gelegenheit, sich zu blamieren. Kritisch wird es erst, wenn wir die Komfortzone gut vorbereiteter Beiträge verlassen. Wahre rhetorische Souveränität zeigt sich im Umgang mit unberechenbaren Fragen und unvorhersehbaren Angriffen. Auch bei solchen Formaten weiß der Telekom-Chef zu überzeugen. Besonders eindrucksvoll belegt dies der Podcast »Jung und naiv«. Dort grillt der Blogger und Podcaster Tilo Jung Tim Höttges zwei ganze Stunden lang – und man kann sagen, er schenkt ihm nichts. Doch der Telekom-Chef hält stand. Selbst wenn er nur Bahnhof versteht, gerät er nicht aus dem Konzept.

Wie die Telekom zu Staatstrojanern stehe? »Weiß ich nicht; das ist mir jetzt peinlich, aber den Begriff habe ich noch nie gehört«, räumt Höttges ein. Wo andere geeiert hätten, verwandelt er seine Ahnungslosigkeit in einen Punkt für sich. Seine Ehrlichkeit entwaffnet und macht alle weiteren Antworten umso glaubwürdiger. Auch sonst nimmt Höttges nicht jede kleine Regel wichtig. Während des in der Coronazeit geführten Gesprächs nestelt er mehrfach an einem magentafarbenen Mundschutz herum. Soll man nicht machen, sagen die Rhetoriktrainer. Höttges tut es trotzdem. Genau deshalb zählt er zu den beliebtesten und erfolgreichsten CEOs in Deutschland. Weil er Mensch und Höttges bleibt.

Woher kommt diese Lockerheit? Tim Höttges' Redenschreiber Henrik Schmitz kennt die Antwort. Als Vice President Communication Strategy and CEO Communication bei der Deutschen Telekom ist er für die interne und externe Kommunikation des Vorstandsvorsitzenden zuständig. Er weiß daher, wie viel Zeit und Ideen Höttges in die Erarbeitung seiner Reden steckt. Dahinter steht die Überlegung: »Reden sind eine Gelegenheit, Themen einmal in der Tiefe zu behandeln. Sie bieten die Chance, Gedanken zu sortieren und weiterzuspinnen. Und sich mit Neuem zu beschäftigen. In der Erarbeitung von Reden entstehen die eigentlichen Inhalte. Die meisten anderen Formate der

Vorstandskommunikation bedienen sich letztlich der Elemente, die in Reden bereits angelegt worden sind.«[12] Bei der Vorbereitung einer Rede entsteht in mehreren Schleifen und im gegenseitigen Austausch der Content mit Substanz, für den Höttges bekannt ist. Angepasst an Zielgruppe, Kanal und Format kann er wieder und wieder ausgespielt und zweitverwertet werden.

Aus den reiflich überlegten Redeinhalten speisen sich viele von Tim Höttges' Social-Media-Aktivitäten. »Social-Media-Inhalte werden schnell banal, wenn man sie nicht grundsätzlich erarbeitet und durchdacht hat«, so die Erfahrung von Henrik Schmitz. »Ohne die Vorarbeit in Form von Reden wäre aus meiner Sicht die Kommunikation auf Plattformen wie LinkedIn oder Instagram in Summe vergleichsweise hohl.« Aus den Formulierungen und Geschichten seiner Reden schöpft Höttges aber auch seine rhetorische Souveränität. Nicht jedes seiner Worte ist geskriptet. In Interviews, Podcasts und Fragerunden reagiert er frei und spontan, sagt und tut aber nichts Unüberlegtes. Jedes Statement, egal wo, egal mit wem, ist von dem Ziel motiviert, sich und das Unternehmen Telekom bestmöglich zu verkaufen.

Leitplanken für Ihren Branding-Erfolg

Höttges reüssiert als Redner im großen Kongresszentrum genauso wie als Interviewpartner im Podcast mit lockerer Duz-Atmosphäre. Er kann TikTok und wurde bereits in seinem ersten Jahr auf LinkedIn auf die Liste der LinkedIn-Top-Influencer in Deutschland, Österreich und der Schweiz gewählt. Es würde mich nicht überraschen, wenn wir ihn demnächst auf Threads erleben, der brandneuen Social-Media-Plattform als Alternative zu Twitter. Auch vor der Kamera ist Höttges laut dem »CEO Digital Video Index« der Beste. Sein Rundum-Erfolg ist von soliden Leitplanken flankiert: seiner rhetorischen Haltung und seinem dialektischen Denken. Beides lässt sich beschreiben. Beides können auch Sie als Leitplanken nutzen, um Ihre Personal Brand aufzufrischen und noch mitreißender zu gestalten.

Rhetorische Haltung. Höttges fasst seine rhetorische Grundhaltung in einen simplen Satz: »Wer gefallen will, gefällt nicht.« Diese Grundüberzeugung macht Höttges so beliebt. Sie befähigt ihn, sich frei und ungekünstelt vor der Kamera zu inszenieren. Denn als brillanter Kommunikator weiß er: Es geht um seine Zuhörer, nicht um sein Ego. Deshalb verzichtet er auf gesetzte, gestelzte Worte und kommuniziert so, wie es für seine Zielgruppe am besten passt. Eingängig, packend und voller Lebensfreude. Hauptsache, das Publikum nimmt die Botschaften, die Informationen, die Impulse auf. Dabei klammert er sich nicht an bewährte Muster. Das wäre zu langweilig. Höttges probiert Formate und Formulierungen aus, wagt sich vor, überrascht. Sein Publikum spürt das und nimmt ihn umso positiver auf. »Irgendwie… nice«, kommentiert ein TikTok-Follower Höttges' Video zum neuen TPhone Pro und bekommt fast 500 Likes dafür.[13]

Dialektisches Denken. Wenn Tim Höttges als Telekom-Tester auftritt oder als Weihnachtsmann, könnte man ihn für einen Spaßvogel halten. Doch Höttges' nachvollziehbare Art beruht auf philosophisch-rationalen Mitteln. Denn der Telekom-Chef geht an Kommunikationsfragen genau wie an kniffelige Konzernentscheidungen heran: mit dialektischem Denken. »Ich diskutiere für mein Leben gern«, sagt er über sich. »Ich suche also die Synthese. Den Kompromiss. Die Lösung. Und meistens finde ich das alles auch.«[14] Das heißt: Höttges betrachtet Themen von unterschiedlichen Seiten. Er sucht nach der Gegenseite, nach dem Gedanken, der noch nicht gedacht wurde, oder nach einem übersehenen Vorteil in einem allseits beklagten Nachteil. Wenn jemand mit einem Einwand kommt, hat er ihn meistens schon selbst bedacht. Aus diesem Grund ist er selten um eine Antwort verlegen. Diese Sicherheit hört man ihm an. Sie ist echt. Sie zeichnet ihn aus. Und das Beste daran ist: Wir können sie von ihm lernen.

02
FEEL INSPIRED BY GEN Z
#RadikalDigital

CEO-Branding war noch nie ein Ego-Trip. Natürlich zielt es darauf ab, die persönliche Reputation gezielt zu gestalten. Doch Sie bestimmen Ihre Wahrnehmung niemals allein, ganz gleich, wie aktiv Sie an Ihrer Positionierung arbeiten. Letztlich entscheiden Ihre Zielgruppen über Ihr Standing – und deren Ziele und Werte verändern sich gerade enorm. Denn im Moment drängt mit der zwischen 1995 und 2010 geborenen Generation Z eine Altersgruppe auf die Bühne, die als so anders, neu und prägend gilt wie zuletzt allenfalls die Generation der Babyboomer.

Schon jetzt eilt der Generation Z der Ruf der Zukunftsmacher:innen voraus.

Gut informiert und ohne Scheu vor Hierarchien mischen junge Talente sich ein, reden mit, treiben den Diskurs. Eloquent, topqualifiziert und herausragend vernetzt fordern sie einen Kulturwandel in den Unternehmen, dem sich diese nicht entziehen können. Plötzlich lässt eine Generation, deren jüngste Vertreter noch nicht einmal den Führer-

schein haben, Topentscheider:innen und Spitzenmana-
ger:innen älter aussehen, als sie sind. Der Altersdurchschnitt
der DAX-Vorstände liegt zurzeit bei 54 Jahren bei den
Männern und 52 Jahren bei den Frauen. Das ist im internationalen Vergleich jung. Trotzdem sind CEOs statistisch
etwa doppelt so alt wie die Vertreterinnen und Vertreter
der Generation Z.

Für Entscheider:innen bedeutet das: Wenn ihre Personal Brand stark bleiben soll, kommen sie an den Themen
und Erwartungen der Gen Z nicht vorbei. Dieser Entwicklung kann man sich wie die Hamburger Online-Marketing-
Agentur Nerdindustries verschließen. Deren CEO sind
Praktikantinnen und Praktikanten aus der Gen Z zu an-
spruchsvoll, um sie überhaupt beschäftigen zu wollen.
Oder man begreift die derzeit »coolest kids on the block«
als das, was sie sind: ein guter Grund, eingeübte Strukturen
und Abläufe neu zu denken.

Gen Z is here to stay

So jung sie ist, die Generation Z kennt ihren Wert. Sie
wird am Arbeitsmarkt gebraucht, ist digital besser aufgestellt als jede Generation vor ihr und stellt hohe Ansprüche
an so ziemlich alles: Produkte sollen nachhaltig sein,
Dienstleistungen schnell, Bezahlmöglichkeiten intuitiv, die
Zustellung von Waren passgenau, das Feedback achtsam
und die CEO-Kommunikation authentisch und emotional
intelligent.[15] Während junge Menschen bei heutigen Führungskräften in Sachen Soft Skills, Personalmanagement
und Teamführung noch viel Luft nach oben sehen, halten
sie die eigene Generation für außerordentlich lern- und an-
passungsfähig, neugierig und kreativ. Entsprechend selbstbewusst fordern sie die Rahmenbedingungen ein, die sie
als richtig erkennen. »Sie stecken hinter einigen der größten kulturellen und Verhaltensänderungen, die wir heute
beobachten«, analysiert Liz Toney, Co-Founder und Brand

Director der Kommunikationsagentur PRZM, »und treffen Entscheidungen, die uns auf Jahre hinaus beeinflussen werden.«[16] Was sie sagt, ist keine Zukunftsmusik.

Die Generation Z, so jung sie Älteren auch erscheinen mag, setzt schon heute Zeichen.

Anders als die Babyboomer, die Gen Y und sogar die Millennials denkt die Gen Z nicht daran, die Karriereleiter brav von unten zu erklimmen. Unerfahrenheit oder Respekt vor dem Alter sind keine Kriterien, die jungen Talenten noch relevant erscheinen. Manche warten nicht einmal ab, bis sie das Studium geschafft oder das Trainee-Programm absolviert haben. Wer sich von einer Idee oder einem Thema inspiriert fühlt, packt an, lernt und fängt lange vor dem Master- oder Meisterabschluss an, die eigene Vision zu entwerfen.

Weil sie es können

In den sozialen Medien findet die Gen Z Wissen und Anregungen aus der ganzen Welt. Keine Generation vor ihr konnte sich leichter informieren, vernetzen und ihr Können regional und global präsentieren. Wer die digitale Klaviatur zu bespielen weiß, kann deshalb früh Erstaunliches bewegen. Eindrucksvolle Beispiele dafür liefern Mareike Awe, Jahrgang 1992, und Luis Bauer, Jahrgang 2005.

2016 war Mareike Awe Medizinstudentin und plagte sich mit zehn Kilo zu viel herum. Dann stieß sie auf den Ansatz der intuitiven Ernährung. Innerhalb von drei Monaten erreichte sie ihr Wunschgewicht. Aus dieser Erfahrung heraus entwickelte sie Intueat, ein kostenpflichtiges Online-Programm, das Menschen auf der Reise zum Wohlfühlgewicht begleitet. Heute ist Mareike Awe promovierte Ärztin. Und außerdem: CEO und Founder von intumind, Forbes 30 under 30 und SPIEGEL-Bestseller-Autorin. Auf LinkedIn folgen ihr über 45.000 Menschen, auf Instagram über 180.000. Mit ihrem E-Health-Start-up verantwortet sie einen achtstelligen Umsatz. Mit bereits Anfang 30 gehört Mareike Awe zu den Wegbereiterinnen der Generation Z. Ihre Erfolge sind deshalb eine Art Vorschau auf das, was wir von der Altersgruppe der zwischen 1995 und 2010 Geborenen noch erwarten dürfen.

Im Vergleich zu Mareike Awe steht der 17-jährige Luis Bauer aus Fürth erst auf Los. Doch schon 2023 erreichte er auf TikTok über 1,2 Millionen Menschen. Seine Videoclips bekamen mehr als 25,9 Millionen Likes. Luis berichtet darin aus einer Branche, die man bis vor Kurzem wohl nicht in den sozialen Medien gesehen hätte. Als jüngster Bestatter in Deutschland kennt er die Fragen und Ängste von Trauernden und Hinterbliebenen. Im Bestattungsunternehmen seines Vaters ist der Tod für ihn Alltag. Deshalb hat er sich entschieden, über das zu reden, was die meisten lieber verdrängen. Auf dem vermeintlichen Spaßkanal TikTok spricht er über Tod und Verlust, aber auch sehr konkret über das, was passiert, wenn ein Mensch stirbt. Das Familienunternehmen, das er einmal übernehmen wird, dürfte dank der sozialen Medien mittlerweile weit über Fürth hinaus bekannt sein. Zumal auch Luis' jüngere Schwester schon Content kreiert: Auf Snapchat schickt sie trauernden Jugendlichen einmal täglich aufmunternde Botschaften. Mit 13.[17]

Luis Bauer und Mareike Awe sind sicher keine typischen Vertreter:innen ihrer Generation. Auch in der gehypten Gen Z gründet nicht jeder schon im Studium ein erfolgreiches Start-up oder bringt mit 17 auf TikTok Menschen die letzten Dinge des Lebens nahe. Die beiden stehen aber beispielhaft für den frischen Wind, mit dem die Generation Z die Arbeitswelt aufwirbelt. Und mit ihr unsere Gesellschaft als Ganzes.

Nehmen wir uns ihre Werte und Vorstellungen der Reihe nach vor. Sie werden dabei sehen: Was die Gen Z will, mutet nur auf den ersten Blick anmaßend an. Auf den zweiten Blick ergeben ihre Forderungen sehr viel Sinn. So viel, dass ich mich frage: Warum haben wir nicht selbst schon längst darauf gepocht? Denn was bitte spricht gegen den Anspruch auf ein gutes Leben? Die Frage nach dem Sinn? Augenhöhe und eine wertschätzende Kommunikation? Und vor allem und überhaupt: Werte, die es verdienen, forciert zu werden?

Kennzeichen 1: Generation Always-on

Die Identität der Gen Z ist untrennbar mit ihrer frühesten Erfahrung verbunden: dem nahtlosen Übergang zwischen physischer und digitaler Welt. Unter 30-Jährige haben es nie anders kennengelernt, als über das Internet zu allem Zugang zu haben, was das Herz begehrt: Freunde treffen, Medien nutzen, einkaufen, Termine klarmachen, Gesundheitswerte tracken, streamen, studieren, trainieren, recherchieren – all das geht selbstverständlich digital. Die Generation Z ist immer on. Keine andere Altersgruppe organisiert ihren Alltag so sehr mit digitalen Tools wie sie. Keine andere verbringt in sozialen Medien so viel Zeit. Keine andere findet es so befremdlich, wenn andere davon Abstand nehmen.

Take-away: In den sozialen Medien regelmäßig persönlich aktiv zu sein oder lieber doch nicht – diese Frage stellt sich CEOs heute nicht mehr. Ein Konzernchef oder eine C-Level-Entscheiderin ohne Plattform und Profil erscheint jungen Menschen als Fossil. Sie wollen die Visionen und Werte von Unternehmen und deren Topmanagement sehen und in Augenschein nehmen. Wer als CEO, gleich welchen Alters, nicht spätestens jetzt loslegt und sich im Netz sichtbar macht, hängt sich selbst ab. Und falls Sie denken, es gebe keine CEOs mehr, die nicht in den sozialen Medien aktiv sind – erstaunlicherweise doch! Laut einer Studie des global tätigen Beratungsunternehmens FTI

Consulting sind nur 60 Prozent der DAX-40-CEOs in den sozialen Medien aktiv. Das heißt, 40 Prozent sind es nicht.[18] Was bedeutet: Für die Generation Always-on sind sie Luft. Sie existieren in ihrer Welt einfach nicht.

Kennzeichen 2: Generation Mitgestalten

Der GenZ eilt der Ruf voraus, weniger arbeitsfreudig und leistungsbereit zu sein als die Generationen vor ihr. Andererseits erkennen viele junge Menschen ungewöhnlich früh neue Märkte, Produkte und Dienstleistungen. Einer von ihnen ist Richard Schäli, Jahrgang 2006. Der Gymnasiast ist der vermutlich jüngste Vermögensverwalter der Schweiz. Für seine Klientinnen und Klienten tätigt er langfristige Investitionen in Tech-Firmen. Inzwischen managt er für sie ein Vermögen im achtstelligen Bereich. »Für mich persönlich war es immer klar, dass ich meine eigenen Ideen verfolgen wollte«, schreibt er in einem Buchbeitrag über sich und seine Generation. »Mit diesem Gedanken war ich vielleicht früh für mein Alter unterwegs, bin aber mittlerweile deutlich nicht mehr der Einzige.«[19]

Der Generation Z geht es um Mitgestaltung und Wirksamkeit. Sie bringt sich kreativ und ambitioniert ein, sofern sie einen Sinn darin sieht und sich schnelle Erfolge und lohnende Ergebnisse abzeichnen. Alles andere erschiene ihr ineffektiv. Schließlich hat das Leben auch viele andere interessante Seiten zu bieten. Dass es ihr noch an Erfahrung fehlt, begreifen die jungen Talente nicht als Hindernis, sondern als Herausforderung zu wachsen und sich gezielt zu verbessern. »We don't have to wait to know all the skills to become data professionals«, ermutigt Alex Wang, »The Most Influential Young Data Scientist of the Year 2021«, ihre 670.000 Followerinnen und Follower auf LinkedIn. »Running in the right direction is as important as the effort itself. Shape the skills that your dream job needs the most and learn the rest on the way.«[20]

Take-away: Mit Mikromanagement, repetitiver Arbeit und trägen Prozessen muss der Gen Z niemand kommen. Was sie anspricht, sind effektiv und strukturiert umgesetzte Lösungen. Idealerweise macht sie die Welt direkt ein bisschen besser. Als attraktiv werden Unternehmen und Leader wahrgenommen, die aufstrebenden Talenten signalisieren: Sie können schnell etwas bewirken. Ihre Sicht der Dinge unbefangen einbringen. Und sicher sein, dass ihre Meinung einbezogen wird. Woran junge Menschen das merken? Freundlich-zugewandte Diskussionen unter den eigenen LinkedIn-Beiträgen und rasche Antworten auf Kommentare sind ein guter Anfang. Einen Schritt weiter geht die Agenturgruppe Jung von Matt. Deren CEO Roman Hirsbrunner hat speziell für die Gen Z das Traineeprogramm »Future CEO« aufgelegt. Der oder die Future CEO darf bei der Hamburger Kreativagentur Chefetagenluft schnuppern und gern auch mitdenken und mitentscheiden. Das Traineeship wird auf den sozialen Kanälen der Agentur begleitet.[21]

Kennzeichen 3: Generation Sinnvoll-Gutes-Tun

»Wieso höre ich zum ersten Mal von diesem Buch?«, schreibt Jo Dietrich, Jahrgang 1997, auf LinkedIn, Co-Founder von ZEAM, Bestsellerautor von »GenZ«, Forbes 30 under 30 und eine der profiliertesten Stimmen seiner Generation. »Ich habe einen Master in Management. McKinsey Way, Die Paten des Internets oder die Biografie von Elon Musk waren Teil meiner Ausbildung. Kurz zusammengefasst: Grösser, schneller, mehr. Doch das ist nicht, was unsere Wirtschaft braucht. Der Klimawandel, Kollaps der Bevölkerung und globale Zerwürfnisse sind die Herausforderung unserer Zeit. Jetzt habe ich zum ersten Mal ein Buch gelesen, das tatsächlich Lösungen bietet. ›Let My People Go Surfing‹ stammt von Yvon Chouinard, dem Gründer von Patagonia. Ein unermüdlicher Fokus auf die

Qualität der Produkte, keine Kompromisse in der Nachhaltigkeit und das beste Arbeitsumfeld für Mitarbeitende – und trotzdem wirtschaftlich erfolgreich.« Und zum Schluss: »Das sind die Vorbilder, die wir brauchen. Wieso sind sie nicht in unseren Klassenzimmern und Vorlesungssälen?«[22]

Wenn Sie wissen möchten, wie diese junge Generation tickt – bei Beiträgen wie diesen erleben Sie es live. Ob es um nachhaltiges Handeln geht, Vereinbarkeit von Care-Arbeit, Familie, Freizeit und Beruf oder eine Unternehmenskultur, die niemanden ausschließt, die Generation Z will, so die Wirtschaftswoche, »zu den ›Guten‹ gehören«[23]. Junge Talente hinterfragen bisherige Gewissheiten, analysieren scharf und hochinformiert und lassen sich von emotionalen Corporate-Responsibility-Kampagnen nicht hinters Licht führen. Sie sind laut und wollen sehen, dass Unternehmen ihre Werte respektieren, und leben hier und jetzt, nicht irgendwann später.

Unternehmen, die auch noch erfolgreich sein wollen, wenn sich die letzten Babyboomer aus dem Berufsleben zurückziehen, sind gut beraten, sich den Vorstellungen der jüngeren Generation anzupassen. Denn vier von fünf Vertreter:innen der Gen Z würden nur für ein Unternehmen arbeiten, das ihre Werte teilt. 67 Prozent messen den Unternehmenswerten eine höhere Bedeutung bei als der Führungsspitze. Das fand die Marketingagentur Lewis in einer globalen Studie über die Generation Z und die Zukunft des Arbeitslebens heraus. »Es ist klar, dass die Gen Z Werte über alles andere stellt«, fasst Lewis-CEO Chris Lewis zusammen. »Unternehmen, die das nicht verstehen oder widerspiegeln, werden es schwer haben, die besten Talente zu akquirieren und zu halten.«[24]

Take-away: Die Gen Z schaut hinter die Kulissen und misstraut Greenwashing und falschen Diversity-Versprechen. Sind die Lieferketten nicht nachhaltig oder kommt ethnische Vielfalt in der Werbung nicht vor, verlieren junge Talente das Vertrauen. Respekt genießen hingegen CEOs, die den Purpose und die ethische Ausrichtung ihres Unternehmens nachvollziehbar erklären und selbst als Vorbild vorangehen.

Kennzeichen 4: Generation Wohlbefinden

Sie sagen schon im Vorstellungsgespräch, dass Überstunden nicht infrage kommen. Sie wollen sich nicht verschleißen und alle Facetten ihres Lebens ausleben. Arbeit gehört dazu. Familie, Freizeit, Spaß und gesellschaftliches Engagement sind aber nicht weniger wichtig. Im Vergleich zu den Generationen vor ihnen findet die Generation Z es nicht mehr sonderlich erstrebenswert, international unterwegs zu sein. Lieber wohnt sie an einem Ort, wo man mit der Familie angenehm leben kann und es nicht weit zur Arbeit hat.

Soziologinnen und Soziologen sprechen deshalb davon, dass an die Stelle der von den Babyboomern geforderten Work-Life-Balance und des von Millennials praktizierten Work-Life-Blending nun die Work-Life-Separation tritt. Das heißt: Die Generation Z möchte nicht mehr rund um die Uhr verfügbar sein. Zwischen Arbeits- und Privatleben gibt es einen klaren Schnitt. »Die Z-ler wollen geregelte Arbeitszeiten, unbefristete Verträge und klar definierte Strukturen im Job haben«, beobachtet der Arbeitswelt-Experte Christian Scholz von der Universität des Saarlandes. »Wenn Feierabend ist, dann lesen sie auch keine Arbeitsmails.«[25] Von Managerinnen und Managern erwarten unter 30-Jährige, was sie von ihren Eltern gewohnt sind: positiv bestärkt und ernst genommen zu werden. Fehlende Wertschätzung und ein unsensibler Ton schrecken ab und werden schneller als früher als belastend erlebt.

Take-away: Wer die Gen Z erreichen will, muss auf ihre Vorstellungen vom guten Leben eingehen. Zu den Aufgaben der C-Suite gehört es, dies nach außen glaubwürdig deutlich zu machen. Einer, der das verstanden hat, ist Oliver Saul, der CEO der index Gruppe in Berlin. Saul hat für jedes seiner drei Kinder Elternzeit genommen. Er weiß, was es heißt, die Kita-Einführung zu begleiten, und wie kompliziert die Elternzeit von Geschäftsführern juristisch zu bewerten ist. 2022 schreibt er darüber auf LinkedIn. Das Ergebnis: 250.000 Ansichten, mehrere Tausend Likes und Hunderte von Kommentaren.[26] Auch sonst zeigt sich Saul als Gen-Z-Versteher, ohne sich deshalb anzubiedern: »Wenn einige sehen wie sich die Eltern halb Tod geschuftet haben, dann ist es sicherlich sinnvoll auch mal anders zu priorisieren und nicht jede Woche 60 Stunden zu arbeiten. Ich mag die Generation und ich freue mich von den jungen Leuten zu lernen und ja, einige stellen komische Forderungen, aber eben nicht alle.«[27] So klingt Glaubwürdigkeit, wenn sie aus dem wahren, gelebten Leben kommt.

Kennzeichen 5: Generation Authentizität

Wenn Topmanager:innen nicht auf LinkedIn & Co. aktiv sind, liegt das oft daran, dass sie den Austausch als zu riskant empfinden. Sie wollen keine Fehler machen und sich nicht exponieren. Doch inzwischen hört Zaudern auf, eine Option zu sein. Erstens hat LinkedIn, das wichtigste Business-Netzwerk der Welt, seinen zwanzigsten Geburtstag schon hinter sich. Und zweitens betritt zurzeit eine Altersgruppe die Bühne, an der sterile Bilder und erwartbare Floskeln abperlen. Statt sich von künstlicher Perfektion blenden zu lassen, folgt die Gen Z authentischen Persönlichkeiten wie Ella Emhoff, der Stieftochter von US Vice President Kamala Harris. Die Designerin, Jahrgang 1999, zeigt sich ihren 331.000 Follower:innen auf Instagram auch mal unrasiert im Bikini und setzt auch sonst eher auf ungeschminkte Natürlichkeit als auf klassische Eleganz. »She does herself and that's the message«, sagt der GQ-Herausgeber Sam Hine über sie.[28]

Auf angemessene Art zu sich selbst zu stehen – diese Haltung kommt in der Generation Z extrem gut an. Obwohl Ella Emhoff herkömmliche Schönheitsideale auf den Kopf stellt, läuft sie als Model auf den Fashion Weeks von Paris und New York. Nach dem Abschluss an der renommierten Parsons School of Design stellte sie vor Kurzem ihre eigene und eigenwillige Strickwaren-Linie »Ella Emhoff Likes To Knit« vor.

Take-away: Die Gen Z filtert sorgfältig, was sie online veröffentlicht. Gleichzeitig fühlt sie sich wenig angesprochen, wenn jemand in den sozialen Medien dem Druck nachgibt, sich zu präsentieren, zu performen und allzu perfekt zu sein. Wie passt das zusammen? Eigentlich erstaunlich gut. Die jüngste Generation hat nämlich verstanden: Authentizität ist die Kunst, für die eigenen Wünsche und Überzeugungen einzustehen, ohne andere zu verletzen oder negative Folgen zu riskieren. Es geht darum, glaubwürdig, faktisch richtig und vertrauenswürdig zu kommunizieren. Ich denke: Mit dieser reflektierten Definition von Authentizität können sich auch CEOs anfreunden, die den sozialen Medien noch skeptisch gegenüberstehen.

03
GET INTO THE HABIT
#Routine

Melissa Di Donato gilt vielen ambitionierten Frauen in der Software- und Tech-Branche als Vorbild. Die US-Amerikanerin hat den Nürnberger Softwareanbieter SUSE von ihrem Homeoffice in London aus an die Börse gebracht. Damit hat sie geschafft, was noch keiner Frau in Deutschland vor ihr gelungen ist: einen Börsengang in Milliardenhöhe. Spätestens seit diesem Zeitpunkt zählt sie zur ersten Liga der Tech-CEOs.

Auch bei den Digital CEOs in Deutschland spielt Di Donato ganz vorne mit. Auf dem CEO LinkedIndex 2021 steht sie auf Platz acht in der Riege der zehn kommunikationsstärksten CEOs. Seit der Neuemission der SUSE-Aktie vergeht kaum ein Tag, an dem sie nicht etwas auf LinkedIn schreibt, teilt oder kommentiert. Viele fragen sich: Wie macht sie das? Die Überlegung ist berechtigt. CEO-Branding lebt von überzeugenden Posts, und niemand schüttelt überzeugende Posts, egal, ob Beiträge oder Kommentare, mal schnell aus dem Handgelenk.

In bester Gewohnheit

Melissa Di Donato sitzt seit 2019 im SUSE-Chefsessel. Seitdem ist sie mit einer klaren Mission unterwegs: »Ich möchte die Welt verändern, indem ich ein Vorbild bin, indem ich sichtbar bin – und indem ich Mädchen helfe, starke Frauen zu werden«, sagt sie in einem Interview mit der Wirtschaftswoche.[29] Di Donatos eigener Weg an die Spitze eines Software-Unternehmens mit über 1.500 Mitarbeiterinnen und Mitarbeitern war nicht vorgezeichnet. Als Tochter italienischer Einwanderer in New York studierte sie nicht etwas mit Wirtschaft oder Engineering, sondern Russisch und Farsi. In die IT-Branche rutschte sie eher durch Zufall hinein. Es folgte eine Ausbildung zur SAP R/3-Entwicklerin und von dort aus der Aufstieg zu einer der führenden Topmanagerinnen in Europa.

Heute verantwortet Di Donato als CEO von SUSE nicht nur den Geschäftserfolg und die Innovationskraft des weltweitweit größten unabhängigen Open-Source-Software-Unternehmens. Sie hat darüber hinaus auch herausragende Rollen in anderen Organisationen und Gesellschaften inne, unter anderem bei der Venture-Capital-Gesellschaft Notion Capital und als Kuratorin für die Wohltätigkeitsorganisation »Founders4Schools«. In der von ihr gegründeten Charity-Organisation »Inner Wings« bietet sie Selbstbestärkungsprogramme für Schülerinnen und Schüler an. Mit dem Kinderbuch »Kick like a girl«, das sie speziell für Mädchen geschrieben hat, will sie Rollenklischees aufbrechen. Und als Vorsitzende des Technologie-Ausschusses des »30-Prozent-Clubs« macht sie sich dafür stark, dass mindestens 30 Prozent der obersten Führungspositionen in großen Firmen von Frauen besetzt werden.

Di Donatos Elan und ihre Vitalität überzeugen Mitarbeiter, Kunden und Analysten. Vor allem ihre Nahbarkeit und Kontaktfreude beeindrucken. Auf LinkedIn erzählt sie, wie sie in ihren ersten Wochen als CEO auf »Zuhörtour« ging:

»Am Ende traf ich fast 100 Kunden und Dutzende Partner und besuchte in 100 Tagen jede größere SUSE-Niederlassung – was mich in acht Länder rund um den Globus führte.[30]

Ihre Freude an Gesprächen und Begegnungen überträgt Melissa Di Donato ohne Abstriche auch ins Netz. Auf LinkedIn und Twitter teilt sie Zeitungsberichte und Techie-News, lobt Kolleginnen und Kollegen und gibt Frauen Karrieretipps. Nahezu täglich. Hat sie nichts anderes zu tun? Keine Meetings? Keine Finanzgespräche? Wie schafft sie das? Die Antwort:

> **Sie packt das, weil die Kommunikation mit ihrer Community kein Mittel zum Zweck ist, keine lästige Pflicht, sondern eine produktive Gewohnheit.**

Dazu ein professionelles Team in Hintergrund wie auch ihre Begeisterung für die Sache erklärt, warum ihre Beiträge so spontan klingen und doch immer auf ihr Profil einzahlen. Der folgende Retweet ist typisch für ihren Stil: »Does it feel like the AI expert is a man in every film you watch? Almost – according to @Cambridge_Uni. This is shaping perceptions and contributing to a lack of women in the workforce.«[31] Der Kommentar begleitet einen im Guardian erschienenen Artikel, der darauf hinweist: Nur 9 von 116 KI-Spezialisten in Filmen wie »Ex Machina« sind Frauen.

Ich weiß nicht, wie es Ihnen geht. Mir kommen Di Donatos Beiträge auf LinkedIn und Twitter wie ein mitreißender und niemals abreißender Dialog mit ihrer Community vor. Sie lesen sich, als sei ihr der Austausch in den sozialen Medien zur zweiten Natur geworden. Nichts deutet auf Arbeit und Anstrengung hin, immer wirken ihre Postings so, als seien sie ihr leicht und selbstverständlich aus der Feder geflossen. Den Fokus behält sie trotzdem: Ihre Beiträge spiegeln konsequent die Themen wider, für die sie steht, von Female Leadership bis digitale Transformation.

In Staffeln denken

Auf Melissa Di Donato verweise ich, wenn mir CEOs und Top-Leader erklären, warum sie bisher davon abgesehen haben, eine Personal Brand in den sozialen Medien aufzubauen. Ihre Bedenken klingen immer gleich: Es mangele ihnen an Zeit und Kenntnissen. Sie sind ja gern authentisch, aber ab wann wird es zu persönlich und damit unprofessionell? Was passiert bei einem Shitstorm? Und überhaupt, sie kämen bestimmt nicht dazu, jeden Tag etwas zu schreiben oder gar aktiv dranzubleiben. Womit der ganze Anfangsaufwand umsonst wäre und Follower verärgert reagieren könnten, wenn nach der Anfangseuphorie so gar nichts mehr käme …

Ich liebe den Spruch »Nichts ist unmöglich«, schon gar nicht der erfolgreiche Aufbau einer Personal Brand. Denn erstens sind die CEOs mit der größten Präsenz in den sozialen Medien oft auch wirtschaftlich besonders erfolgreich. Persönlichkeiten wie Walmart-CEO Doug McMillon, PayPal-Chef Dan Schulman oder General-Motors-CEO Mary Barra liefern wie Melissa Di Donato den Beweis:

> **CEO-Branding und Konzernerfolg schließen einander nicht aus. Sie bedingen einander.**

Und zweitens und ganz praktisch: Es gibt sie ja, die Möglichkeiten, sich die Sache leichter zu machen. Gute Planung, ein starker Fokus und ein klares Ziel helfen viel. Und der ganze Aufwand, der eben doch anfällt? Der besteht, da gibt es nichts schönzureden. Doch er ist überschaubar, lässt sich managen und sogar outsourcen: professionelle Unterstützung annehmen, tägliche Posting-Zeiten einplanen, realistische und smarte Ziele setzen.

Ein weiteres wertvolles Hilfsmittel ist das, was ich die »Netflix-Strategie« nenne: in Staffeln denken. Überlegen Sie sich zu einem Thema, das Sie beschäftigt und begeistert, eine kleine Reihe von vier bis zwölf Postings, die Sie in den nächsten vier bis zwölf Wochen an einem bestimmten Wochentag ausspielen möchten. Mit diesem vorproduzierten Inhalt reduzieren Sie den Druck, auf die Schnelle irgendeinen halbwegs passenden Beitrag oder Kommentar aus dem Ärmel zu zaubern. Gleichzeitig bleiben Sie flexibel genug, um auf Tagesereignisse oder das Feedback Ihrer Followerinnen und Follower zu reagieren. Kommt etwas Aktuelles dazwischen, posten Sie einen vorbereiteten Beitrag einfach später.

Gewohnheiten sind ein Geschenk

Besonders erfolgreiche Social CEOs haben aber noch ein weiteres Eisen im Feuer: gute Gewohnheiten. »Wir sind das, was wir wiederholt tun«, sagte der griechische Philosoph Aristoteles vor bald 2.500 Jahren. Für das CEO-Branding bedeutet das: Eine starke CEO-Marke resultiert nicht aus einem einmaligen Kraftakt oder einzelnen Beitrag, der im Netz zum Renner wurde. Eine starke CEO-Marke wird über viele Jahre aufgebaut, kultiviert und kuratiert. Das geht nur, wenn Sie sich das Posten zur Gewohnheit machen wie das Zähneputzen oder Laufen. Ist Ihnen das gelungen, posten Sie nicht, um sich eine Followerschaft aufzubauen, nicht um die Reputation Ihres Unternehmens zu stützen, nicht um es anderen gleichzutun.

Sie posten, weil das Aktivsein in den sozialen Medien für Sie zum Leben dazugehört.

Sie haben Ihr Gehirn so programmiert, dass Sie überhaupt nicht mehr anders können. Sie stellen sich nicht mehr die Frage: Soll ich oder soll ich nicht? Posten, Liken und Kommentieren gehören zu Ihrem gewohnten Tagesablauf. Durch häufige und stetige Wiederholung haben Sie den Austausch in den sozialen Medien als eine selbstverständlich gewordene Handlung etabliert. Der Twitter-Account von Melissa Di Donato bietet ein gutes Beispiel dafür. Scrollt man sich durch ihre Aktivitäten, dann fällt auf: Sie postet selten jeden Tag. Aber sie lässt auch nie eine Sendepause entstehen. Spätestens nach vier, fünf Tagen hören ihre Follower:innen von ihr. Das ist die Macht der Gewohnheit. Man könnte auch sagen: Steter Tropfen höhlt den Stein.

Mit kleinen, unscheinbaren Gewohnheiten können wir große, beeindruckende Erfolge erzielen. Eine Wiederholung allein bringt nicht viel. Erst in ihrer Summe machen an sich kleine Aktivitäten den Unterschied zwischen Top oder Flop. Diesen Zusammenhang hat als Erster der Management-Guru Stephen R. Covey in einem der auflagenstärksten und einflussreichsten Leadership-Ratgeber des 20. Jahrhunderts ins Bewusstsein gerückt: »The Seven Habits of Highly Effective People«. In der Entdeckung von Gewohnheiten als Erfolgshebel für Effektivität, Wirkung und Erfüllung liegt für mich Coveys Vermächtnis und sein Geschenk an uns alle: Um erfolgreicher zu führen und zu managen, müssen wir nicht unseren Charakter ändern, nicht unsere Persönlichkeit. Es genügt, wenn wir unsere Gewohnheiten – also das, was wir täglich bewusst und unbewusst tun, weil es uns in Fleisch und Blut übergegangen ist – überprüfen und gegebenenfalls nachschärfen. Genial einfach. Einfach genial.

Wie neue Gewohnheiten entstehen

Inzwischen haben die Verhaltensökonomie und die Hirnforschung Coveys Empfehlungen aus den 1980er-Jahren bestätigt. Es entlastet unser Gehirn, Gewohnheiten zu kultivieren und auf diese Weise Energie zu sparen. Sie kennen es vermutlich selbst: Angesichts der vielen neuen Informationen, Eindrücke und Gefühle, die jeden Tag auf uns einprasseln, fühlt es sich wie eine Wohltat an, etwas zu tun, was man schon kennt und nicht neu erlernen oder entscheiden muss. Deshalb drücken wir automatisch den Knopf der Kaffeemaschine, während der Rechner hochfährt. Deshalb stellen wir die Kaffeetasse immer an dieselbe Ecke auf dem Schreibtisch. Deshalb setzen wir uns im Restaurant am liebsten auf den gleichen, vertrauten Platz.

Das Besprechen von Post-Ideen oder das Surfen nach schönen Info-Nuggets und der Austausch mit der Community machen mehr Freude, wenn das Gehirn Aktivitäten in den sozialen Medien nicht als zusätzliches To-do in einem ohnehin schon vollgepackten Tag auffasst. Anders als Verpflichtungen sind gute Gewohnheiten leicht und angenehm. Wir müssen sie nur etablieren.

Habit Stacking: Andocken an das, was wir ohnehin schon tun

Wie legt man sich eine neue Angewohnheit zu? Fachleute empfehlen die Methode des »Habit Stacking«: Wir nutzen einfach Gewohnheiten als Vehikel, die wir bereits etabliert haben. Wer mehr Wasser am Tag trinken möchte, stellt sich am besten ab jetzt immer ein Glas neben den geliebten Kaffee beim Morning Daily – und schon stimmt die Flüssigkeitszufuhr. Und wer gern im Netz und den sozialen Medien unterwegs ist, für den ist der Weg zum Posten eigener Inhalte nur einen Katzensprung entfernt. Was hindert uns daran, das Prokrastinieren im Internet als Sprungbrett für eine lohnendere Gewohnheit zu nutzen? Zum Beispiel die, bei solchen Gelegenheiten auch gleich einen Kommentar abzusetzen? Etwas zu retweeten? Oder ein gutes Infovideo auf TikTok als Anregung für das eigene CEO-Branding zu nutzen?

Denn mal Hand aufs Herz: Wie viel Zeit verbringen Sie damit, durch Feeds zu blättern und auf LinkedIn und anderen Netzwerken zu schauen, was es Neues gibt? »Lurking« (= lauern, herumschleichen) heißt der passive, anonyme

Konsum von Social-Media-Inhalten im Netzjargon. Wenn es Ihnen geht wie mir, können Sie bei diesem manchmal eher sinnfreien Tun wunderbar entspannen. Sie können die Gewohnheit des »Lurking« aber auch produktiv nutzen. Es bietet sich nämlich als perfekter Trigger an, um selbst auf LinkedIn & Co. aktiv zu werden. Jetzt und gleich. Ein schnelles »Well said« oder »Tolle Initiative« bringt viel Engagement und kostet kaum Zeit.

Sie werden sehen: Die Selbstüberlistung wirkt. Sie posten müheloser. Ihre Gefolgschaft wächst. Ihre Motivation steigt, mit eigenen hochwertigen, originären Inhalten im Netz präsent zu sein. Ein paar kleine Veränderungen genügen, und Sie befinden sich auf dem richtigen Weg, sich als Meinungsführer:in zu etablieren. Und das Beste daran: Sie bemerken den Aufwand kaum. The habit is our friend!

04
PUBLISH FOR IMPACT
#WerSchreibtBleibt

Satya Nadella hat eins. Ebenso wie Phil Knight, Mary Barra, Howard Schultz oder Ginni Rometty. Sie ahnen, worauf ich hinaus will: Wer in den USA ein Topunternehmen führt oder führte, hat sehr oft auch ein eigenes Buch veröffentlicht. Viele davon bereichern die Welt nicht nur um kluge Gedanken. Sie ziehen auch weite Kreise. Die 2019 erschienenen Memoiren des damaligen und heutigen Disney-Chefs Robert Iger »The Ride of a Lifetime« beispielsweise eroberten nicht nur den ersten Platz auf der New-York-Times-Bestsellerliste. Sie wurden von keinen Geringeren als Unternehmerlegende Bill Gates und Star-Wars-Regisseur Steven Spielberg in den höchsten Tönen gelobt und empfohlen. Möglicherweise und rein spekulativ bescherten sie Bob Iger sogar eine Nachspielzeit als Vorstandsvorsitzender, mit der er selbst nicht gerechnet hatte.

Offensichtlich ziehen CEOs, ihr Tun und Denken, ihre Geschichten und Führungsprinzipien in der breiten Öffentlichkeit großes Interesse auf sich. Kein Wunder, dass immer mehr Unternehmer:innen und Vorstände sich veranlasst sehen, ihr Branding mit einem eigenen Buch in neue Höhen zu treiben. Obwohl dahinter ein enormer Aufwand steckt. Sheryl Sandberg, die frühere Co-Chefin von Facebook und Autorin des Bestsellers »Lean in«, macht daraus keinen Hehl: »Dieses Buch zu schreiben, bedeutet nicht nur, dass ich andere ermutige, sich reinzuhängen. Es bedeutet auch, dass ich mich reinhänge.«

Den richtigen Zeitpunkt wählen

Verglichen mit dem Auftritt auf LinkedIn, Instagram, YouTube oder TikTok ist das eigene gebundene Buch old-school. Spätestens seit sich vor fast dreißig Jahren Lee Iacocca, der ehemalige Chef von Ford und Chrysler, zur Managerlegende hochschrieb, gehört es für die Spitzen der Wirtschaft zum guten Ton, sich nach der erfolgreichen Karriere mit den eigenen Memoiren zu verewigen. Die eigene Lebensgeschichte aufzuschreiben oder aufschreiben zu lassen diente der Glorifizierung, spielte Tantiemen ein und führte zu gut dotierten Redeauftritten. Allerdings umwehte die Autobiografie meistens der Hauch von Rückschau und Abgesang. Das Buch schließt die Karriere als letztes Juwel in der Krone ab.

Die heute erfolgreichsten CEO-Bücher gehören einer anderen Kategorie an. Natürlich gibt es auch hier Bücher, die von dem leben, was war. Sie schaffen aber deutlich mehr Mehrwert für Leser:innen, indem sie zu deren Wachstum und Erfolg beitragen. Das Buch der früheren Vorständin der Siemens AG Janina Kugel »It's now: Leben, führen, arbeiten« ist ein typisches Beispiel dafür. Spritzig und unterhaltsam ermutigt Kugel ihre Leserinnen und Leser, an sich selbst zu glauben und sich in der rasant verändernden Arbeitswelt durchzusetzen. Der Spiegel-Bestseller erscheint jetzt 2023 erstmals auch im Taschenbuch und hält zuverlässig Janina Kugels Namen im Gespräch, obwohl sie gerade keine Entscheidungsposition im klassischen Sinn innehat.

Gleiches gilt für das neue Buch »Good Power«. Die ehemalige IBM-CEO Ginni Rometty gibt ihren Leserinnen und Lesern darin wichtige Denkanstöße in Sachen Leadership und Technologie. In einem Interview erzählt sie, warum sie sich entschied, das Buch zu schreiben:

> »When I announced that I would be retiring after 40 years, so many people said to me, ›You should write a book about all your experiences‹.«[32]

Romettys Argument ist so typisch, dass ich mich frage: Wann im CEO-Lebenszyklus bringt ein eigenes Buch eigentlich am meisten? Nach den goldenen Jahren, wenn es auf vergangene Erfolge aufsetzt und die Lebensleistung abrundet? Gleich in der Anfangsphase, wenn Topentscheider:innen mit vollen Akkus und reichlich Vorschusslorbeeren durchstarten? Oder irgendwann in der Mitte der Amtszeit, wenn die Gewöhnung einsetzt und es darum geht, gewonnene Erfahrungen zu reflektieren und sich neu auszurichten?

Es gibt zu dieser Frage keine Studien. Intuitiv würde ich sagen: Satya Nadella hat einen idealen Zeitpunkt gewählt. 2014 wurde er zum CEO von Microsoft berufen. 2017 erschien sein Buch »Hit Refresh. Wie Microsoft sich neu erfunden hat und die Zukunft verändert«. Nadella teilt seine Gedanken also zu einem Zeitpunkt, zu dem er einerseits schon einiges bewirkt hat und andererseits noch vieles gestalten kann. Der Erfolg gibt ihm recht: »Hit Refresh« hat sich als Managementklassiker etabliert. Das Buch erzielte nicht nur sehr hohe Verkaufszahlen. Als Schwergewicht in Nadellas Kommunikationsmix trägt es dazu bei, dass der Microsoft-Chef zum »World's Top CEO #1« im »Brand Guardianship Index 2022« gekürt wurde.[33]

Wie Satya Nadella entschied sich auch Sheryl Sandberg dafür, das erste Buch noch während ihrer aktiven Zeit als Co-Geschäftsführerin (COO) von Meta Platforms in Angriff zu nehmen. Mit ihrem Bestseller »Lean In« positionierte sie sich nachhaltig als Vertreterin einer neuen amerikanischen Frauenbewegung. In Deutschland ist das CEO-Buch zwar noch nicht annähernd so verbreitet. Doch es kommt Bewegung in die Sache. So macht sich aktuell Sebastian Dettmers mit seinem Titel »Die große Arbeiterlosigkeit« einen Namen. Anders als in den USA üblich stellt der Stepstone-CEO nicht die eigene Geschichte, sondern ein drängendes gesellschaftliches Thema in den Mittelpunkt: den fehlenden Nachwuchs und wie wir trotzdem unseren Wohlstand halten können. Dabei verzahnt er perfekt seine Expertise zur globalen Entwicklung von Arbeit, Wirtschaft und Technologie mit seiner Rolle als CEO einer der größten Jobplattformen Deutschlands.

Die Macht des gedruckten Worts

»A word after a word after a word is power«, sagt Margaret Atwood, eine der bedeutendsten Autorinnen unserer Zeit. Das gilt besonders, wenn Ihre Worte sich zwischen zwei Buchdeckeln präsentieren. In den sozialen Medien verlieren sich Ihre Inhalte zwar auch nicht. Sie genießen dort aber nicht annähernd so viel Glaubwürdigkeit und Aufmerksamkeit. Das gedruckte Buch ist anders: Es zeugt von Erkenntnisstreben und lädt zur intensiven Beschäftigung ein. Zwar gilt die Regel »publish or perish« in ihrer ganzen Härte nur in der Wissenschaft. Kein CEO geht unter, wenn er kein Buch vorzuweisen hat. Wer sich aber trotzdem dafür entscheidet, profitiert von dem Respekt, der dem gedruckten Wort zuteilwird. »Menschen erkennen implizit, dass das Schreiben eines Buchs viel Zeit, Recherche und persönliches Wissen erfordert«, steht auf der Online-Plattform des Entrepreneur Magazine.[34] Das eigene CEO-Buch bringt Sie deshalb voran, auch wenn Sie nicht gleich den Megabestseller schreiben.

Diese Erfahrung hat Clemens Hasler gemacht. Der CEO der St. Galler SN Energie AG ist keiner, dessen Namen man aus dem Handelsblatt oder dem manager magazin kennt. Er hatte auch nie wirklich vor, ein Buch zu schreiben. Es ergab sich einfach so. Hasler hatte einen Mitarbeiter befördert, der von da an für acht Kollegen verantwortlich war. »Der fragte mich, ob ich ihm nicht einen Leitfaden geben könne, der meine Führungsüberzeugungen beinhaltet. Über die Weihnachtsfeiertage entstand so ein zehnseitiges Dokument. Als ich kurz darauf eine Weiterbildung machte, kam mir die Idee, daran weiterzuarbeiten. Da kam dermaßen viel an Material auf mich zu, das musste ich irgendwie verarbeiten und für mich strukturieren. Ich habe es erst nur privat drucken lassen und verteilt.«

Was so absichtslos begann, nahm unerwartet Fahrt auf. 2020 veröffentlichte der Springer-Verlag (der mit dem charakteristischen Pferd als Logo) Haslers Aufzeichnungen als Ratgeber für erfolgreiche Führung. Ein Verwandter von Clemens Hasler hatte den Verlag erfolgreich auf das Manuskript aufmerksam gemacht. Unter dem eingängigen Titel »Ein guter Chef sein« sollte es künftige Führungskräfte ansprechen, die einem erfahrenen CEO über die Schultern schauen wollten. Der Wert des eigenen Buches zeigte sich aber schon vor dessen Veröffentlichung. Denn wer ein inhaltsreiches Buch verfasst, lernt selbst am allermeisten. Beim Schreiben bringen Sie nicht nur bereits vorhandenes Wissen zu Papier. Sie produzieren dabei frische Ideen, erschließen weiterführende Zusammenhänge und zwingen Ihre Gedanken in eine lineare Form. Am Ende stecken Sie tiefer in Ihrem Thema als je zuvor. Von dieser Erfahrung erzählt auch Clemens Hasler: Die Arbeit am Manuskript wurde »eine Reflexion mit mir selbst, mit meiner Tätigkeit«.

Heute schätzt Hasler sein Werk vor allem als Management-Tool. Jeder in der SN Energie AG kann darin in Ruhe und ausführlich nachlesen, was der CEO unter »Leadership« versteht. »Letztens hat sich sogar ein Mitarbeiter während der Gehaltsverhandlung darauf bezogen. Ganz nach dem Motto ›Du hast geschrieben, es gäbe keinen richtigen Zeitpunkt dafür. Darum komme ich jetzt!‹ Allein dafür hat es sich schon gelohnt, finde ich.«[35]

Machen wir uns nichts vor: Die meisten Bücher werden keine Bestseller. Trotzdem stärkt ein Buch Ihre CEO-Brand. Mit einem Fachbuch, das ein renommierter Verlag veröffentlicht, treten Sie über das eigene Unternehmen hinaus als Leader in Erscheinung. Sie gewinnen an Autorität, Ansehen und Sichtbarkeit. Intern trägt das eigene Buch als Management-Tool dazu bei, die Kultur des Unternehmens zu formen, Silos aufzubrechen und alle Stakeholder auf die gemeinsamen Ziele einzustimmen. Das ist viel. Wenn auch nur ein Bruchteil dessen, was ein CEO-Buch seinem Urheber einträgt, wenn es durchstartet und abhebt.

Die Erfolgsgeheimnisse hinter einem #1-New-York-Times-Bestseller

15. Juni 2016. Für Disney-CEO Bob Iger ist es der härteste Tag seines Lebens. Auf dem Gelände des Walt Disney Resort in Orlando reißt ein Alligator den zweijährigen Lane Graves ins Wasser. Die Eltern können ihren kleinen Sohn nicht retten. Iger bekommt die entsetzliche Nachricht in China. Er bereitet dort die Eröffnung von Shanghai Disneyland vor, ein Riesenereignis vor Fernsehkameras und Tausenden von Menschen. Am Telefon gibt er Lanes Eltern das Versprechen, dass ihr Sohn nicht umsonst gestorben sein würde. Nach dem Gespräch sitzt Iger mit Tränen in den Augen auf der Bettkante. Das Gespräch hat ihn so mitgenommen, dass er beide Kontaktlinsen verloren hat. Kurz darauf veranlasst der Disney-CEO, dass in dem weitläufigen Hotelresort, das doppelt so groß wie Manhattan ist, innerhalb von 24 Stunden Warnschilder und Zäune aufgestellt werden. In den Monaten nach der Attacke wurden

mindestens 95 Alligatoren eingefangen, doppelt so viele wie im gleichen Zeitraum davor.

Mit dem Tag, an dem diese Geschichte passierte, beginnt Bob Igers Buch »The Ride of a Lifetime«. Der Auftakt zeigt wie im Brennglas, warum Igers Buch fast über Nacht die Spitze der New-York-Times-Bestsellerliste eroberte: bewegende Ereignisse, detailreich erzählt, von einem Menschen, der ganz oben steht und doch fühlt und mitfühlt wie du und ich. Natürlich lassen sich Megabestseller wie »The Ride of a Lifetime« nicht planen. Doch die Chancen stehen gut, dass auch Ihr CEO-Buch zu breiter Popularität gelangt, wenn es möglichst viele der folgenden Faktoren erfüllt.

Ein profiliertes Unternehmen. Wer an der Spitze des richtigen Unternehmens steht, hat schon halb gewonnen. Konzerne und Firmen, die begehrte Produkte oder Dienstleistungen offerieren, beflügeln die Fantasie und liefern großartigen Erzählstoff. Lesen Sie, wie Iger einen ganz normalen, nicht weiter aufregenden CEO-Arbeitstag bei Disney beschreibt: »Nachdem man Investoren die Wachstumsstrategie aufgezeigt hat, prüft man mit den Walt Disney Imagineers das Design einer riesigen neuen Themenparkattraktion; anschließend gibt man seine Kommentare zum Rohschnitt eines Films ab, dann spricht man über Sicherheitsmaßnahmen und Board Governance, Eintrittspreise und die Gehaltsskala.«[36] Völlig klar: Die spannendsten, vielfältigsten Unternehmen liefern die spannendsten, vielfältigsten Geschichten.

Ein profilierter CEO. »Ich glaube, Bob Iger ist einer der größten Business Leader unserer Zeit«, sagt Oprah Winfrey, die ihrerseits zu den ganz Großen zählt. Als Iger »The Ride of a Lifetime« schreibt, ist er nicht ein CEO von vielen. Er hat sein ganzes Leben lang für Disney gearbeitet und das Unternehmen schon seit über einem Jahrzehnt als CEO geleitet. Seine Erfahrung wurde weit über die eigene Branche hinaus geschätzt. US-Präsident Barack Obama hatte ihn zum Mitglied des President's Export Council ernannt, er hatte dem Verwaltungsrat von Apple angehört und die Fachzeitschrift The Hollywood Reporter hatte ihn zur einflussreichsten Person Hollywoods erklärt.

Eine packende Geschichte. Bog Igers Memoiren sind wie viele erfolgreiche CEO-Bücher im Stil der Heldenreise inszeniert: Ein Held macht sich auf den Weg, dringt auf unbekanntes Gebiet vor, durchlebt innere und äußere Widerstände, scheitert, wendet das Blatt, wächst an seinen Aufgaben und kehrt gereift und mit neuen Erfahrungen gestärkt zurück. Das Format macht Hollywood-Filme wie »Star Wars« spannend und CEO-Bücher lesenswert. Wenn Iger erzählt, wie er ganz unten in der Firmenhierarchie begann, was die Herabsetzungen durch seinen angriffslustigen Ex-Chef mit ihm machten, wie er die Übernahmen von Pixar, Marvel, Lukas Arts und 20th Century Fox steuerte, dann wollen Leser:innen wissen, wie es weitergeht. Zugegeben: Auf den ersten Blick mag es egomanisch wirken, sich zum Helden der eigenen Geschichte zu machen. Das Format der Heldenreise ist aber alles andere als eine Selbstbeweihräucherung. Sie gewinnt ihre Sogkraft daraus, dass CEOs neben ihren Triumphen auch ihre Zweifel, Irrungen und Rückschläge offenbaren.

Inspirierende Impulse. Igers Buch lebt von Erfahrungen, mit denen sich Leser:innen identifizieren können – nicht nur die angehenden CEOs dieser Welt.[37] Darüber hinaus bietet der Disney-Chef an, was zu jedem guten CEO-Buch dazugehört. Sein Buch ist randvoll mit Beispielen, Denkanstößen, wichtigen Tipps und allgemein anwendbaren Erkenntnissen über Leadership, Optimismus, integres Handeln, den Umgang mit unvorhersehbaren und möglicherweise sogar tragischen Krisen. »Selten habe ich eine Autobiographie gelesen, die sich so viel Mühe gibt, das Narrativ der Lebensgeschichte mit dem Festhalten von wichtigen Erkenntnissen anzureichern«, schreibt ein Kritiker.[38] »The Ride of a Lifetime« ist also mehr als eine Lebensgeschichte. Igers Memoiren helfen Menschen, selbst furchtloser und souveräner zu agieren.

Ein überzeugender Purpose. Iger geht es bei seinem Buch nicht um Tantiemen. Natürlich nicht. Sicher ist ihm der Nachruhm wichtig. Vor allem aber will er in seinem CEO-Buch sein Erfolgsmodell teilen und festhalten. »Im Wesentlichen handelt dieses Buch von einigen grundlegenden Prinzipien, die als Orientierung dienen und dazu beitragen, das Gute zu fördern und das Schlechte zu bewältigen«, schreibt er in seinem Vorwort. »Lange Zeit schrieb ich nur widerwillig.« Das Gefühl blockierte ihn, seine Führungsregeln noch nicht vollständig vorzuleben. Andererseits wünschte er sich, dass seine Erkenntnisse auch anderen zugutekommen. Mehrwert zu schaffen ist sein Purpose. Nicht das Geld. Alle Erlöse aus dem Buch gehen an eine Stiftung, die mehr Diversität im Journalismus fördert.

Eine eindeutige Botschaft: Iger widmet einen beachtlichen Teil seines Buches dem Umgang mit dem eigenen Ego. Dahinter steht die Erfahrung, dass sein Aufstieg keineswegs glatt verlief. Iger wurde zwar als nächster CEO von Disney gehandelt. Doch der Verwaltungsrat zweifelte an seiner Eignung, und Iger sah sich mit einem demütigenden und öffentlich ausgetragenen Auswahlprozess konfrontiert. Am Schluss bekam er den Topjob, trat ihn aber ohne den üblichen Vertrauensvorschuss an. Vor diesem Hintergrund legt er seinen Leser:innen nachdrücklich eine Botschaft ans Herz, die in seinen Augen zu wenig Beachtung erfährt:

> **Wer unternehmerisch erfolgreich sein will,**
> **muss sein Ego im Griff haben.**

Andernfalls bestehe die Gefahr, »in eine Verteidigungshaltung zu geraten, aggressiv zu werden und zurückschlagen zu wollen, wenn man das Gefühl hat, man werde ungerecht behandelt oder falsch dargestellt.« Selbst hat Iger gelernt, seine Gefühle zu zügeln: »Ich konnte einfach nicht zulassen, dass die Negativität, die von Leuten ausgedrückt wurde, die eigentlich nichts über mich wussten, meine Selbstwahrnehmung und meine Selbstachtung beeinträchtigte.«[39]

Unglaublich, aber wahr

Bob Igers Geschichte hat ein durchaus überraschendes Nachspiel. Nachdem sein CEO-Bestseller erschienen war, heimste Iger eine Reihe von Auszeichnungen ein, die seine bisherigen Preise und Ehrungen noch toppten: 2019 kürte ihn TIME zur »Business Person of the Year«. 2020 wurde er in die Television Hall of Fame aufgenommen. Im September 2022 folgte der ultimative Ritterschlag: Königin Elizabeth II ernannte ihn zum Honorary Knight Commander of the Order of the British Empire.[40]

Der ultimative Ritterschlag? Nicht ganz. Wie Sie wahrscheinlich wissen, legte Bob Iger 2020 den Vorstandsvorsitz von Disney nieder. 15 Jahre lang hatte er Disney zum erfolgreichsten Medien- und Unterhaltungsunternehmen der Welt ausgebaut. Nun machte er den Platz für seinen Nachfolger Bob Chapek frei. Doch Chapek konnte die in ihn gesetzten Erwartungen nicht erfüllen. Im November 2022 trat er zurück. Der Verwaltungsrat kam zu dem Schluss, in einer zunehmend komplexen Phase des Wandels in der Branche sei niemand besser geeignet als Bob Iger, das Unternehmen zu führen. Seit dem 22. November 2022 leitet Iger deshalb als neuer alter CEO erneut die Geschicke von Walt Disney. Es sieht ganz danach aus, dass Igers »Ride of a Lifetime« weitergeht. Dazu passt: Sein nächstes CEO-Buch ist schon in Vorbereitung. Wir dürfen gespannt sein!

05
BE AUTHENTIC TO CONNECT
#Nahbarkeit

Sie leitet eine Beratungsfirma mit 30 Mitarbeiter:innen, hilft Unternehmen, die Generation Z zu verstehen, hat einen Bestseller für Entscheider:innen geschrieben und gehört zu den Top Voices auf LinkedIn. Mit gerade mal 23 Jahren hat die Schweizerin Yaël Meier ihren Status als Hoffnungsträgerin bereits hinter sich gelassen. Die im Jahr 2000 geborene Unternehmerin steht auf der Forbes-Liste »30 under 30«, wurde schon mehrfach als Aufsichtsrätin gehandelt, und Unternehmen wie Google, IKEA und Allianz schätzen ihre Expertise.[41] Doch es kommt noch beeindruckender.

»Ich bin 22 und wieder schwanger«,

schreibt sie auf LinkedIn und posiert im schwarzen Maternity-Look vor dem Empire State Building. Wo Gleichaltrige noch an ihrem Bachelor arbeiten, managt sie scheinbar spielend zwei Kinder und ein Consulting-Unternehmen: »Seit ich vor zwei Jahren zum ersten Mal Mutter wurde, weiß ich: Alles bleibt möglich. Denn ich konnte trotzdem mein Unternehmen von 3 auf 30 Mitarbeitende aufbauen. Trotzdem reisen, feiern und genießen. Trotzdem eine tolle Mutter sein.«[42]

Mit ihrem Post trifft sie einen Nerv. Über 13.000 Menschen fühlen sich in nur drei Tagen davon angesprochen. Über 1.300 Leserinnen und Leser kommentieren, applaudieren, diskutieren. Gleiches passiert, als Yaëls Partner Jo Dietrich seine Perspektive beisteuert und bezahlbare Kitaplätze, flexible Arbeitszeiten und Elternzeit fordert, die es in der Schweiz noch immer nicht gibt: »Damit Mamas die gleichen Karrierechancen haben wie Papas. Und damit tatsächlich alles möglich ist – für alle.«[43] Wieder ist die Resonanz so gemischt wie emotional. Die vielen und teilweise sehr ausführlichen Kommentare reichen von begeisterter Bewunderung bis hin zu heftiger Ablehnung.

Persönliche Geschichten teilen. Echt jetzt?

Noch sprengt es Gewohnheiten, wenn zwei junge Leader in schönster Offenheit das tun, was sie auch ihren Kunden raten: nicht nur berufliche, sondern auch private Ereignisse, Gedanken und Werte zu teilen. Position zu beziehen. Und sich auf der Nähe-Distanz-Achse lieber authentisch zu zeigen als distanziert. Als Vertreter:innen ihrer Generation haben Meier und Dietrich verinnerlicht:

GenZ is all about authenticity.

In einer groß angelegten Studie der Strategieberatungsfirma EY äußern 92 Prozent der zwischen 1997 und 2002 geborenen Befragten: Echtheit und Ehrlichkeit seien für sie das Höchste überhaupt. Weder Unabhängigkeit noch Reichtum, weder Berühmtheit noch eine bessere Welt bedeuten der GenZ vergleichbar viel.[44] Als cool gelten Menschen, die sich und ihren Überzeugungen treu bleiben. Dieser Trend flaut nicht ab. Seit Beginn der Pandemie stieg der authentische Auftritt sogar noch höher im Kurs.

Wer dahinter nur eine vorübergehende Flause einer kaum erwachsen gewordenen Generation vermutet, verkennt die Zeichen der Zeit. Die neu ins Berufsleben eintretende Generation bewertet nicht nur Menschen, sondern auch Marken und Arbeitsplätze nach deren Echtheit und Authentizität (griechisch: »authentikós« – »echt«). Wie im privaten Umfeld sucht sie auch im Job ein angenehmes, unkompliziertes Miteinander. Arbeit soll sinnvoll sein und Zusammenarbeit auf Vertrauen fußen. Im Idealfall fühlt es sich an, als würde man mit guten Freunden zusammenarbeiten.[45]

Die Sehnsucht nach Wahrhaftigkeit und Echtheit geht also über das private Umfeld hinaus. So wie die Gen Z nicht mehr zwischen analogem und digitalem Konsum unterscheidet, zieht sie auch keine scharfen Linien zwischen privatem und beruflichem Verhalten. Beides gehört zusammen wie der Ristretto und die Milchschaumhaube im Flat White. Beides wird wie Modegetränke und Urlaubslocations aufs Schönste inszeniert. Das aber heißt:

Das Verhältnis zwischen Privatheit und Professionalität ist gerade dabei, sich grundlegend zu verschieben.

Authentisch ist das neue Professionell

»Während früher erwartet wurde, Berufliches und Persönliches klar zu trennen, ist das heute nicht nur schwer geworden«, beobachtet die Süddeutsche Zeitung. »Es ist aus der Zeit gefallen. Arbeiten heißt heute, Einblicke in sein privates Leben zuzulassen, ob man will oder nicht.«[46]

Wenn Ältere davor zurückscheuen, hat das einen einfachen Grund: Die neue Authentizität mit ihren Selbstoffenbarungen und (scheinbar) ungeschminkten Meinungsäußerungen kommt einem Paradigmenwechsel gleich. Klar sprachen auch Boomer und Millennials am Kaffeeautomaten mal über die Kinder, die Champions League oder die schönsten Pisten am Arlberg. Doch im Wesentlichen blieben die eigenen Befindlichkeiten unter Verschluss, je weiter oben man in der Hierarchie stand, desto mehr. Meistens zeugten höchstens ein paar sorgfältig ausgewählte Familienfotos davon, dass ein Vorstand oder eine Topmanagerin neben dem Job ein Leben besaß.

Zoomer halten es mit Arbeit dagegen eher so, wie es die amerikanische Erfolgsserie »Emily in Paris« suggeriert. Auch wenn die Feel-Good-Serie jede Menge Stereotype enthält, spiegelt sie das Leben wider, von dem junge Talente träumen: Arbeit und Spaß gehören zusammen. Persönliche Eindrücke werden sekundenschnell auf Instagram geteilt und schaden dem Business nicht. Und wenn man in den sozialen Medien mit wichtigen Playern der Branche befreundet ist, eröffnen die Einblicke in die eigene Lebens- und Gedankenwelt Zugänge, auch an der Hierarchie vorbei. Weil andere einen eben nicht nur als funktionierendes Rädchen im Getriebe erleben. Sondern als einzigartige, unverwechselbare Persönlichkeit. Die ihren Job professionell macht. Aber gleichzeitig auch fantastisch Kite surft, sich konsequent für das Tierwohl einsetzt oder hingebungsvoll mit der kleinen Tochter Korbwürfe übt.

Brauche ich das jetzt auch?

Heißt das also, Ältere und Arrivierte sollten sich lockerer als bisher machen? Und wie die Jüngeren mehr von sich preisgeben? Wenn Sie meine ehrliche Meinung hören möchten: ja. Entscheiderinnen und Topmanager stehen im Zentrum der Aufmerksamkeit. Zu ihren Kernaufgaben gehört es, Werte und Unternehmenskultur vorzuleben. Mit Hochglanzfotos und klassischer Unternehmens-PR, die vornehmlich das Ego von Entscheider:innen bedient, gelingt das zunehmend schlecht. Zu sicher erkennen Mitarbeiterinnen und Mitarbeiter strategische Kommunikation als das, was sie ist: aufgesetzt, geschönt und so fake wie allzu perfekt wirkende Zahnveneers. Geschätzt hingegen werden Posts und Auftritte, die die Persönlichkeit von CEOs greifbar machen – als ganze Menschen, die neben unternehmerischer Weitsicht auch Optimismus und Leidenschaft, Begeisterung und Mitgefühl, Bescheidenheit und Humor vorzuweisen haben.

Mit der Einstellung »Beruf ist Beruf und privat ist privat« stoßen Leaderinnen und Leader deshalb schon heute an Grenzen.

Schlimmer noch: Sie stoßen die umworbene GenZ vor den Kopf. Insbesondere urbane und höher gebildete Zoomer lassen sich von Hierarchien und Dienstwagen, feinem Tuch, klassischer Top-down-Kommunikation, Überheblichkeit und Worthülsen noch weniger beeindrucken als ihre Vorgänger. Wer Visionen nur mit der Hilfe und Initiative begeisterter, ideenreicher Mitstreiter:innen verwirklichen kann, muss als Persönlichkeit überzeugen. Für Vorständinnen und C-Level-Manager aller Altersgruppen bedeutet das: Sie kommen nicht umhin, ihre menschliche Seite zu zeigen und ihre Ambitionen und Geschichten auf eine Weise zu teilen, die ihren Anhängern zusagt. Oder wie es die SZ formuliert: »Für einen unnahbaren Chefroboter strengt sich niemand mehr an, als unbedingt notwendig.«[47]
Ein absolutes No-Go wäre es daher, wenn Sie sich im Elfenbeinturm der Unnahbarkeit und auf den Topetagen der Macht verschanzen. Selbst wenn Sie es jahrzehntelang so und nicht anders kannten: Die Zeiten haben sich geändert, und zwar gründlich. Die jüngsten Arbeitnehmerinnen und Arbeitnehmer (und nicht nur sie) wollen wissen, wem sie folgen. Ihr Respekt fliegt Manager:innen nicht aufgrund ihrer Position zu. Sie müssen ihn sich verdienen.

Yaël Meier und Jo Dietrich, die selbst um die Jahrtausendwende geboren sind, haben das instinktiv verstanden. Als Leader trennen sie nicht zwischen Business-Ich und Privat-Ich. Online wie offline zeigen sie sich als »echte« Menschen mit all den Erfahrungen, Freuden und Problemen, die auch ihre Zielgruppe umtreiben. Mit ihrem Kommunikationsstil setzen sie einen Trend, der das CEO-Branding auf den Kopf stellen wird.

Eine Frage der Persönlichkeit

Denn was die Gen Z fordert und vorlebt, können erfahrene CEOs nicht mehr verweigern. Geben sie sich nach außen unnahbar und undurchschaubar, verprellen sie die dringend benötigten Leistungsträger und -trägerinnen von morgen. Einer, der den radikalen Paradigmenwechsel in der Führung verstanden hat, ist Telekom-Vorstand Tim Höttges. Mit seinen 60 Jahren gehört er zwar der demnächst aus dem Berufsleben ausscheidenden Boomer-Generation an. Doch über 125.000 Followerinnen und Follower auf LinkedIn beweisen: Alter hin, Generationenzugehörigkeit her, Höttges trifft den Nerv der Zeit. »Es ist an der Zeit, die Vorstandsetagen und damit die Hierarchien in den Konzernen zu entmystifizieren«, lautet seine Überzeugung. »Oftmals entstehen Macht und Ansehen allein durch die Kleidung. Das haben wir bei der Telekom komplett abgeschafft. Ein Vorstandsvorsitzender muss sich seine Rolle verdienen. Der muss auch in die Baugrube und an die Service-Hotline.«[48]

Entsprechend zeigt der Vorstandchef sich im Telekom-Weihnachtsvideo mit seinen Dackeln Otto und Anton und in der Telekom-Video-Reihe »Tim testet« als Tester im grauen Blouson mit dem magentafarbenen T darauf. Genau wie das Babybauchfoto von Yaël Meier stellen solche noch ungewohnten Aktionen menschliche Nähe her. Man zeigt sich nahbar und wird deshalb als vertrauenswürdig und angenehm ungekünstelt wahrgenommen.

Das Zauberwort heißt: selektive Authentizität

Allerdings haben nicht alle das Prinz-Harry-Gen und möchten ihre persönlichen Geschichten und privaten Vorlieben an die große Glocke hängen. Schon gar nicht wollen sie die negative Aufmerksamkeit auf sich ziehen, die aus unbedachter Offenheit resultieren kann. Wenn Sie so denken, haben Sie die Grundregel des Personal Branding verinnerlicht: Sie sind sich Ihrer Stärken und Grenzen bewusst. Das ist kein Hindernis, sondern ein Vorzug. Um die eigenen Kunden und Partner zu erreichen und zu bewegen, müssen Sie sich weder verbiegen noch ungeschminkt jede Regung nach außen tragen.

Denn auch Understatement erzählt eine Geschichte.

Von dem Supermodel Tatjana Patitz zum Beispiel bekam jenseits großartiger, ikonischer Modeaufnahmen niemand viel mit. Die passionierte Reiterin machte sich in der Öffentlichkeit rar und galt als unprätentiös und scheu. Zu einem Interview mit der FAZ erschien Patitz im lockeren Sommerkleid, ohne Assistent und PR-Agentin, dafür aber mit ihrem kleinen Sohn.[49] »Sie war viel weniger sichtbar als ihre Kolleginnen – mysteriöser, erwachsener, unnahbarer«, sagt die Chefredakteurin der US-Vogue Anna Wintour über sie, »und das hatte seine eigene Anziehungskraft.«

Authentisch zu sein bedeutet also nicht, dass Sie alles von sich zeigen, sich zum Übermenschen stilisieren und auf jedem Kanal präsent sind. Im Gegenteil: Zu sich zu stehen bedeutet als Allererstes, dass man seine Seele nicht verkauft. Diese Haltung wird nach außen reflektiert und als positiv wahrgenommen. Erwartungen zu unterlaufen und auf Schauspielerei zu verzichten, wirkt anziehend und mutig. Das eigene Wesen auszudrücken strahlt eine Klarheit aus, die viele Menschen nicht haben. Die Wirkung entsteht aber nur, wenn Sie Ihre Wahrhaftigkeit mit Verstand einsetzen. Den Gradmesser dafür hat der französische Philosoph Voltaire formuliert. Er lautet: »Alles, was du sagst, sollte wahr sein. Aber nicht alles, was wahr ist, solltest du auch sagen.« Das heißt: Positives und Ermutigendes, Begeisterung und Bewunderung, Lernerfolge und Optimismus, Lieblingspodcasts und Buchempfehlungen bringen Sie unverhohlen zur Sprache. Kritik und Ängste, Unlust und Zweifel, Belehrungen und Gefühle von Benachteiligung und Rivalität reservieren Sie dagegen besser, das rät der Schweizer Philosoph und Unternehmer Rolf Dobelli, »für das Tagebuch, den Lebenspartner oder das Kissen«.[50] So wahr und authentisch negativ eingefärbte Gedanken sein mögen, sie verbreiten schlechte Laune und trüben Ihre Strahlkraft ein.

»Es ist 2023 und wir können alles schaffen, was wir wollen«, schreibt Yaël Meier. Mit ihrem viel beachteten Post führt sie wie nebenbei vor, wie selektive Authentizität geht: Wahre und gleichzeitig positive Geschichten und Inhalte, die ihr Branding stärken, werden spontan geteilt. Alles andere: erst mal besser nicht.

06
CENTER ON YOUR ROLE AS A LEADER
#KlareKante

Das Handelsblatt zählt Hildegard Wortmann, Jahrgang 1966, zu den Top 100 Frauen, die Deutschland voranbringen. Als Quereinsteigerin etablierte sie sich als erste Frau im Vorstand bei Audi. Zeitgleich verantwortet sie den Vertrieb bei Volkswagen. Glaubt man der Wirtschaftspresse, bahnte sie sich den Weg in die Chefetage nicht mit Samthandschuhen. »Da ist Blut gespritzt«, heißt es in der Branche. Lange Jahre galt Wortmann als knallharte Karrieristin.[51] Nun frischt sie ihr persönliches Branding mit beeindruckendem Erfolg auf. Von der gefürchteten Karrierefrau wandelt sie sich zur sensiblen Vordenkerin, die Menschen mit positiver Energie für die Zukunft befähigt. Hildegard Wortmann gestaltet den Refresh, indem sie ihre Auftritte um eine klare Story rankt: »Ich will keine Managerin sein – sondern eine Leaderin.«

Der Generation Z aus der Seele sprechen

Am meisten fällt es beim Wording auf. *Strength, team spirit, unbossing, unlocking the potential of many, thrilled, getting together, big decisions, big ideas* – Wortmanns Wortwahl spiegelt bis ins Kleinste das Lebensgefühl der Gen Z. Im Gegensatz zu früheren Generationen – Babyboomer und Generation X – bringen die Digital Natives ganz neue Forderungen mit in die Arbeitswelt: Sie wollen entspannt und achtsam leben und arbeiten. Entsprechend erwarten sie eine Ansprache, die optimistisch stimmt, den Glückslevel steigen lässt und Sinnerfüllung verspricht. So gehen es Digital Trendsetter an, und so hält es auch Hildegard Wortmann.

Nicht nur beim Wording, auch bei den Themen greift sie die Prioritäten und Vorstellungen junger Zielgruppen auf. Die Vorständin für Vertrieb und Marketing kennt die Daten und weiß: Ethisches Verhalten von Marken und Menschen steht für die jüngsten Generationen im Arbeitsleben ganz oben auf der Werteskala. »Verantwortung übernehmen, handeln statt abwarten, Haltung zeigen: Das erwartet nicht nur die Generation der Millennials«, schreibt sie als Gastkommentatorin im Handelsblatt. »Zu Recht verlangt sie Produkte und unternehmerisches Handeln, die mit ihren persönlichen Werten übereinstimmen: bei ökologischen Zielen, sozialer Verantwortung und integrer Geschäftsführung.«[52]

Für genau diese Themen macht sich Hildegard Wortmann auf LinkedIn stark. In ihrer beruflichen Rolle setzt sie sich für den Klimaschutz ein, für das Empowerment von Frauen und eine neue Führungskultur. Schlimmes und Problematisches spart sie deshalb nicht aus. Sie macht keinen Hehl daraus, dass man bei Audi Wolken bei der Absatzentwicklung aufziehen sieht, und findet Worte für den furchtbaren Ukraine-Krieg, die Rekordinflation, die politischen und wirtschaftlichen Unsicherheiten. Passend zum Wohlfühlanspruch junger Talente bleibt sie dabei nie in Krisenszenarien stecken. Immer macht sie den Schwenk auf das Mindset, das es braucht, um mit Krisen gut umzugehen. Wenn sie ernste Entwicklungen benennt, dann um zu sensibilisieren und Veränderungen voranzutreiben.[53]

Dem Unternehmen ein Gesicht geben

Die Mischung aus Zuversicht, Veränderungsfreude und Hintergrundinformationen kommt an. Mit über 110.000 Followern auf LinkedIn liegt Hildegard Wortmann weit vor ihren eigenen Kolleginnen und Kollegen im Vorstand und spielt fast in der gleichen Liga wie Telekom-Chef Tim Höttges, mit dem sie die Meinung teilt: Führung sei ein Privileg, kein Recht. Doch es wird noch interessanter: Die Audi-Marketingchefin vereint bei LinkedIn fast so viele Follower und Followerinnen wie die milliardenstarke, weltweit agierende Audi AG.

Deshalb stärkt sie mit ihrer für eine deutsche Executive Brand beeindruckenden Präsenz nicht nur ihren eigenen Marktwert. Sie nimmt auch direkt darauf Einfluss, wie das Unternehmen Audi in der Öffentlichkeit wahrgenommen wird. Indem sie als TopmanagerIn transparent über ihre Werte, Anliegen und Meinungen informiert, trägt sie dazu bei, dass Mitarbeiter:innen und Kund:innen eine menschliche Bindung zur Marke Audi aufbauen können. Über eine Unternehmenswebsite lässt sich dies naturgemäß nicht annähernd so erfolgreich bewirken. Erst wenn sichtbare, mitreißende Leaderinnen und Leader dem Unternehmen Gesicht und Stimme geben, haben Menschen das Gefühl, so der Marketing-Experte Dave Gerhardt, »sich auf eine Person einzulassen, der sie vertrauen können, nicht nur auf eine anonyme Marke – und dieses persönliche Vertrauen überträgt sich auf die Marke oder das Produkt.«[54] Die Behauptung ist deshalb nicht vermessen:

Digital Leader verkörpern mit ihrer Persönlichkeit das Unternehmen.

Bei Hildegard Wortmann ist diese Wirkung doppelt ausgeprägt. Denn ihre Themen würden zwar auch losgelöst von den Unternehmensthemen gut funktionieren. Aktuell aber greifen Personal Content und Corporate Content wie Zahnräder ineinander. Die Themen liegen auf einer Linie, sie ergänzen und verstärken einander. Sogar die Brand Refreshings von Vorständin und Marke weisen Parallelen auf: Nach dem Dieselskandal drehte Wortmann das Image von Audi ins Achtsamere. Dem 50 Jahre alten Audi-Slogan »Vorsprung durch Technik« setzte sie den mit Haltung aufgeladenen Claim »Future is an Attitude« entgegen. Zeitgleich tauchte sie auch ihre eigene Person in ein weicheres Licht. Behutsam und wohldosiert zeigt sie mehr von ihrer nahbaren, emotionalen Seite – und dies längst nicht mehr in den sozialen Medien allein.

Die Maske fallenlassen

Als eine der wenigen Frauen an der Spitze der Autoindustrie ist sie regelmäßig in der Wirtschaftspresse präsent, hält Vorträge, ist beim Stern-Podcast »Der Boss« zu Gast und äußert sich in Magazinen wie Vogue oder GQ über Elektromobilität, Quotenfrauen und Klimawandel. Im Januar 2023 bringt die Modezeitschrift ELLE sie in einem vierseitigen Porträt groß raus. Das Feature trägt den bezeichnenden Titel: »Lady of the Rings«. ELLE-Chefredakteurin Sabine Nedelchev führt das Interview persönlich. Gleich im ersten Satz rückt sie zurecht, was früher über die Frau mit dem kometenhaften Aufstieg so in der Presse zu lesen stand: »Das Erste, das mir in den Sinn kommt, als ich sie kennenlerne: ›beschützenswert!‹ Zierlich, tapfer, vorsichtig taxierend.«[55]

Die ganzseitigen Fotoaufnahmen passen perfekt dazu: Denn auch modisch präsentiert sich Hildegard Wortmann zugewandter. Statt im schnittigen Hosenanzug zeigt sie sich in Jeans und weichen Pullis. Die Farbpalette: warm, hell, sanft. Nichts an ihrer Kleiderwahl wirkt so, als sei Mode das wichtigste Interesse in ihrem Leben. Trotzdem weiß die Vorständin ihren persönlichen Stil als Kommunikationsmittel zu nutzen. Gerade weil sie nicht die übliche Kleidung der Macht und Durchsetzungsstärke trägt, nimmt man ihr die neue Art von Leadership ab, die sie für sich in Anspruch nimmt: zuhören, lernen, ermutigen, Sinn stiften.

Persönliche Beziehung aufbauen

Natürlich stehen persönliche Porträts in egal wie hochkarätigem Rahmen nicht im Mittelpunkt des CxO-Branding. Das ist auch bei Hildegard Wortmann so. Auf LinkedIn wird sichtbar: Im Wesentlichen bleibt die erste Frau im Audi-Vorstand bei der Sache. So geschickt sie im Sound die Vorlieben der Gen Z aufgreift, thematisch stehen die Marke und die Strategie des Unternehmens im Vordergrund. Ein Artikel über Audis neue HPC-Schnellladestationen in Nürnberg und Zürich mit angeschlossenem Loungebereich für Fahrerinnen und Fahrer ist ein typisches Beispiel für die Storys, die sie teilt. Er liefert informative Hintergrundinformationen und wird aus genau diesem Grund positiv kommentiert. Nur ganz am Schluss flicht Wortmann ein, was ihr über den Erfolg von Audi hinaus am Herzen liegt: »Only when charging is at least as easy as refueling, e-mobility will succeed. That's fundamental for a sustainable future.«[56] Genau darin liegt die Kunst:

Spitzenmanager:innen setzen eigene Anliegen und Herzensthemen vorzugsweise zu den Unternehmenszielen und -erfolgen in Bezug.

Wo es allerdings zu ihrer Rolle passt, reichert Wortmann ihre Aussagen häufiger als früher mit persönlichen Elementen an. So weiß man inzwischen: Sie kommt aus einfachen Verhältnissen, steht seit ihrer Kindheit ihrer an Kinderlähmung erkrankten Mutter zur Seite, zieht sich gern in die Natur zurück und ist »einfach dankbar und stolz« auf das, was sie erreicht hat. Die Selbstaussagen bleiben unverfänglich und überschreiten nie die Grenze zur Selbstpreisgabe. Trotzdem verleiht die punktuelle Offenheit dem Personal Branding von Hildegard Wortmann ein zeitgemäßes Upgrade.

Die Mischung aus einem hohen Anteil beruflicher Themen und kleinen privaten Einblicken signalisiert Professionalität und baut emotionale Bindungen auf. Das bestätigen auch Studien der Wissenschaftler:innen Theresa Atzl und Michael Graßl. Im Rahmen eines Forschungsprojekts an der School of Journalism der Uni Eichstätt haben sie sich die Kommunikation von 18 DAX-CEOs auf LinkedIn vorgenommen. Es zeigte sich:

Erstens: CEOs posten so gut wie keine Inhalte, die sie als Privatpersonen zeigen.

Zweitens: Trotzdem trägt fast jeder Post eine persönliche Note.

Und drittens: Postings, in denen Selfies in einem beruflichen Kontext geteilt werden, bringen die meisten Likes.

Die Eichstätter Wissenschaftler:innen schließen daraus: »Zusammengefasst können wir sagen, dass das Urlaubsfoto aus Italien eine Ausnahme bleibt, die Kommunikation aber von einer persönlichen Erzählweise geprägt ist, die auch die Äußerung von Gefühlen und Meinung beinhaltet. Wir werden in Zukunft sicher noch mehr CEOs sehen, die sich dieser erfolgreichen Kommunikationsweise anschließen werden.«[57]

Vom Ziel her denken

CxO-Storys zeigen, wie C-Level-Managerinnen und -Manager ticken. Sie sind aber weder als Märchenstunde noch als Enthüllungsgeschichte zu sehen. Dafür sind sie einerseits zu wahr und andererseits zu wohlüberlegt. Denn Persönliches und Lustiges, Familiäres und spontan wirkende Selfies dienen immer einem klaren Kommunikationsziel: eine tragfähige emotionale Verbindung zu Geschäftspartnern und Stakeholdern herzustellen.

Dahinter steht die Erkenntnis: Selbst im nüchternen Deutschland funktioniert die professionelle Ebene am besten, wenn man vorher persönliches Vertrauen aufgebaut hat. Dazu gehört es laut der Management-Professorin Erin Meyer an der INSEAD Business School in Paris auch, »die Hosen herunterzulassen, die Maske fallen zu lassen, zu zeigen, wer man wirklich ist. Mitsamt Schwächen. So entsteht Vertrauen«[58].

So gesehen hat jede CxO-Story, und sei es nur das Bekenntnis zu einer Schwäche für exzentrische Weihnachtspullis, klare strategische Aufgaben:
- Erfüllt eine Story ihr Ziel?
- Bringt sie mich meinen Zielgruppen näher?
- Macht sie mich als Persönlichkeit sichtbar?
- Bringt sie Aufmerksamkeit und Glaubwürdigkeit?
- Erleichtert sie die Zusammenarbeit?
- Und last, but not least: Bringt sie meine Kunden und Partner, Mitarbeiter und Bewerber dazu, mir zu folgen?

Das Kunststück, Nahbarkeit zu beweisen und stets zugleich passend zur Leader-Rolle zu kommunizieren, gelingt nicht allen. Das beweist zum Beispiel das Silvestervideo, das die frühere Verteidigungsministerin Christine Lambrecht auf ihrem privaten Instagram-Kanal postete. Für die Ministerin erwies sich die vermeintlich bürgernahe Ansprache vor Böllern als der Tropfen, der ein ohnehin schon volles Fass zum Überlaufen brachte.

Hildegard Wortmann würde Vergleichbares wohl kaum passieren. Dafür geht sie die Dinge zu analytisch an. »Geschäfte lassen sich nicht aus dem Bauch heraus machen, die Intuition reicht nicht. Die Basis jeder Entscheidung muss strategisch fundiert sein«, sagt sie im VOGUE-Business-Interview.[59] Für das CEO-Branding gilt das Gleiche. Leaderinnen und Leader repräsentieren immer auch ihr Amt. Egal, wie viel wohldosierte Nähe sie im Einzelfall zulassen.

07
HUMANIZE YOUR TECH STORY
#RunterVomPodest

Es gibt einen unangefochtenen Meister des CEO-Branding: Satya Nadella. Seit 2014 führt der gebürtige Inder Microsoft als CEO. Seither hat er den ungeliebten und unbeweglichen Tech-Giganten umgekrempelt, und bereits heute steht fest: Eines Tages wird man von seiner »Amtszeit« als der »Nadella-Ära« sprechen. Nicht nur bei Microsoft, dessen Aktienkurs sich unter Nadellas Ägide vervielfacht hat. Auch in den sozialen Medien, in denen er vorlebt, wie CEOs so kommunizieren, dass ihnen Millionen Follower:innen zuhören und folgen: leise, klar und auf Menschen konzentriert. Vor allem dann, wenn es um Tech und Leadership geht.

Erfolgreiche Technologie stellt den Menschen in den Mittelpunkt

»Wenn Nadella als CEO erfolgreich sein und den Softwaregiganten vom Windows- in das Cloud-Zeitalter navigieren will, muss er nicht Zahlen und Produkte managen, sondern Menschen bewegen und Vertrauen gewinnen«, habe ich in meinem Buch »Lead the Future – Shape your Brand« (erschienen 2020 bei Haufe) geschrieben. Nadella hat genau das geschafft. Entsprechend unangefochten sitzt er im Sattel. Unter seiner Leadership löste sich der Tanker Microsoft aus der Abhängigkeit von seinem Megaprodukt Windows und wandelte sich zum innovativen Anbieter für Cloud-Lösungen. Die Beobachter der weltweiten Tech-Szene zeigten sich begeistert. »Vor Jahren war Microsoft totgesagt worden, doch heute entstehen unter CEO Satya Nadella mit die wichtigsten Zukunftstechnologien der Welt«, urteilte zum Beispiel Stephan Scheuer, der Silicon-Valley-Korrespondent des Handelsblatts.[60]

Diese Metamorphose konnte nur gelingen, weil Nadella von Anfang an verstanden hatte: Der Wandel, der ihm vorschwebt, erfordert mehr als eine kluge Strategie und viel, viel Geld. Die gute alte Cashcow Windows mag ihre Tücken haben, mag verhasst sein und belächelt werden – aber fast jede:r auf der Welt kann sich darunter etwas vorstellen. Welche Möglichkeiten sich Unternehmen, Menschen und Maschinen in der Cloud und durch künstliche Intelligenz erschließen, können wir dagegen immer noch nicht absehen. Vielleicht können wir es überhaupt nicht begreifen.

Niemand, auch nicht der CEO eines der größten Software-Konzerne der Welt, könnte oder sollte daher den Eindruck vermitteln zu wissen, wohin die Reise geht. Entsprechend macht Nadella bei all seinen Entscheidungen und Investitionen nie ein Hehl daraus: Er handelt unter Ungewissheit. Was das bedeutet, definierte der Wirtschaftswissenschaftler Erich Gutenberg, der als der Begründer der modernen Betriebswirtschaftslehre gilt: Bei der Entscheidung unter Ungewissheit liegt der Informationsgrad irgendwo zwischen über null Prozent und weniger als hundert Prozent. Es sind also immer nur unvollständige Informationen vorhanden.[61]

Tugend der Tugenden für CEOs: Demut

Je innovativer ihre Vorhaben, desto unvermeidlicher navigieren CEOs im Ungewissen. Nicht von ungefähr hat Satya Nadella daher Demut ins Zentrum seiner CEO-Brand gestellt. Was das konkret bedeutet, verrät uns die Wortherkunft: Demut leitet sich vom althochdeutschen Wort »diomuoti« ab und bedeutet »Gesinnung eines Dienenden«. Die Eigenschaft, die laut dem manager magazin aktuell als die wichtigste von Managerinnen und Managern gilt, löst Nadella in Worten und Taten ein. Was immer es auch kostet.

Als Nadella Microsoft übernahm, war der Software-Riese ein Konzern, der für seine Arroganz berüchtigt war. Jahrelang hatte das Unternehmen seinen Kunden unausgegorene Betriebssysteme zugemutet. Entsprechend enttäuscht und empört wandten sich viele ab. Nadella identifizierte das Problem, reagierte und verordnete Microsoft einen Kulturwandel im Schnelldurchlauf. In einer bis dahin undenkbaren Aktion entschied er, das neue Windows 10 zunächst als kostenloses Update anzubieten. Nutzerinnen und Nutzer sollten Vertrauen zurückgewinnen und sich selbst überzeugen können: Künftig würde Microsoft seine wichtigste Aufgabe darin sehen, seinen Nutzer:innen das Leben einfacher zu machen. Um diese neue Haltung zu demonstrieren, verzichtete Microsoft auf viele Millionen Dollar Umsatz.

Auch in der Kommunikation zeigt Nadella Demut. Wenn er spricht, tut er dies nie nur in der Rolle des CEOs, Leaders, Entscheiders, Experten. Seine Mitarbeiter, Kunden und Stakeholder erleben ihn immer auch als Menschen. Dahinter steht ein Bewusstsein, das Nadella in seinem Management-Klassiker »Hit Refresh« beschrieb: »Microsofts Transformation der Unternehmenskultur ist kein Prozess, der von mir abhängt, nicht einmal von der Handvoll Führungskräfte, mit denen ich am engsten zusammenarbeite.

Er hängt vielmehr von uns allen ab.« Andere und ihre Beiträge anerkennen, voneinander lernen, für Nutzerinnen und Nutzer entwickeln, nicht an ihnen vorbei – durch diese Haltung zeichnen sich Menschen aus, die über die eigene Wichtigkeit hinausgewachsen sind und so Raum für Innovation und Entfaltung schaffen.

»The next big thing«: Warum Microsoft Milliarden in ein Start-up steckt

Heute ist nicht nur Nadellas CEO-Brand inspirierend und scharf umrissen. Auch Microsoft ist nicht mehr das ungeliebte Softwarehaus, das auf der Hitliste der müden IT-Kalauer die Spitzenplätze einnahm. Der Konzern gilt als sicherer Kandidat für »the next big thing« in Sachen KI und Cloud Computing. Und Nadella geht mit Siebenmeilenstiefeln voran. Die milliardenschwere Investition in die Firma OpenAI wird mit an Sicherheit grenzender Wahrscheinlichkeit als Schlüsselmoment in die Technikgeschichte eingehen.

OpenAI hat den Chatbot ChatGPT und das multimodale Konversationsmodell Visual ChatGPT entwickelt. Seither können Computer mithilfe von künstlicher Intelligenz (KI) Texte, Audio, Video und Bilder analysieren, bearbeiten und erzeugen. Etwa zehn Milliarden will Microsoft für die Entwicklung neuer KI-Modelle und Chatbots zur Verfügung stellen. Das kündigte Nadella zum Jahreswechsel 2022/2023 an. Damit hatte das Jahr 2023 kurz nach Neujahr bereits eines seiner wichtigsten Gesprächsthemen. Zwar sollte eigentlich seit Jahren klar sein, was lernfähige Algorithmen und die Auswertung großer Datenmengen zu leisten vermögen. Dennoch vibrierte das Netz. Niemand hatte sich vor der Einführung von ChatGPT vorstellen können, dass eine KI so natürlich und kreativ kommunizieren, strukturieren und ja, manchmal auch schwafeln konnte, fast wie ein echter und extrem vielseitig informierter Mensch. Die Faszination ist groß.

»Liebes Chat GPT, mir machst du Angst!«

Zugleich wurden auf einmal alle nervös: Schüler:innen fragten sich, ab wann sie sich ihre Hausaufgaben von ChatGPT schreiben lassen könnten, und sie probieren es bereits kräftig aus. Lehrkräfte fürchten sich davor, nicht mehr zu erkennen, ob eine Prüfung von einem Menschen oder einer KI bestanden wurde. Personalleitern und Drehbuchautoren wurde mulmig. Journalisten und Schriftsteller, aber auch Texter und bildende Künstler sahen sich in den Jobbörsen nach neuen Herausforderungen um. Datenschützer warnten: »KI führt zum Kontrollverlust von Informationen im Internet.«[62] Kein Tag verging, ohne dass auf allen Kanälen und in allen Medien darüber diskutiert wurde, ab wann es keine menschengeschriebenen Gutenachtgeschichten mehr gäbe und warum man in Zukunft keiner E-Mail, keinem Posting und keinem Anruf mehr trauen könne.

»Ein Gespenst geht um im Web 3.0 – das Gespenst der künstlichen Intelligenz«, schrieb Joel Schmidt vom Tagesspiegel und setzte journalistisch unaufgeregt hinzu: »Künstliche Intelligenz ist zwar zu erstaunlichen Leistungen fähig, überschätzt werden sollte sie dennoch nicht.«[63] Trotz dieser und anderer Einordnungsversuche ließ sich in den sozialen Medien erfühlen, wie die Neugier der Menschen dem Zweifel, der Zweifel der Ablehnung und die Ablehnung der Panik Platz machte. »Liebes ChatGPT, mir machst du Angst!«, schrieb zum Beispiel Werbe-Ikone Stephan Rebbe, Co-Gründer der Agentur Kolle Rebbe im Branchenblatt Horizont.[64] Es war, wie es immer ist:

Neue Technologien schüren beides:
Ängste und Euphorie.

Vor über 200 Jahren war es die Erfindung der Elektrizität, die viele Menschen mit Schrecken erfüllte. Heute konfrontieren uns die künstliche Intelligenz, Roboter und eben Chatbots mit Veränderungen, die uns womöglich über den Kopf wachsen: Was, wenn wir uns in unserer Hybris am Ende eine Übermacht von Monstern erschaffen?

Damit alle besser leben können

In solchen Momenten muss der CEO eines Tech-Giganten ein Welterklärer sein. Microsoft steht als größter Softwarehersteller der Welt international unter Beobachtung. Überall fragen sich Menschen: Was hat das Unternehmen vor? Will es zehn Milliarden versenken, die Weltgemeinschaft versklaven oder unser aller Leben besser machen? Auch wenn Sie und ich meinen, die Antwort läge auf der Hand, ist dies für viele Menschen keineswegs vollkommen offensichtlich. Zumal ChatGPT und viele andere Anbieter bei allem beeindruckenden Können erst der Anfang sind. KIs wachsen exponentiell, und wer sie am besten promptet und brieft, holt am meisten für sich raus.

Satya Nadella muss daher aufklären, wieder und immer wieder. Zu seiner Verantwortung gehört es, Ängste zu adressieren und Technologie zu entmystifizieren. Deshalb räumt Nadella ein, was offensichtlich ist: »Als CEO ist es meine Aufgabe, den Aktionären die bestmögliche Rendite zu bescheren.« Vor allem aber spricht er über seine gesellschaftliche Verantwortung: »Aber ich finde außerdem, ein Firmenlenker muss sich auch Gedanken über die Welt machen, über die Gesellschaft und über langfristige Perspektiven (je größer sein Unternehmen ist, desto mehr muss er darüber nachdenken). Man wird kein sonderlich krisenfestes Geschäft haben, wenn man sich nicht Gedanken macht über die wachsende Ungleichheit in der Welt und wenn man nicht dazu beiträgt, das Leben aller zu verbessern.«[65]

Wie aber kann künstliche Intelligenz unser aller Leben verbessern, wenn sie Jobs bedroht, Betrug die Tore öffnet und unsere Gefühle manipuliert? Ist das Microsofts Beitrag zur Verbesserung der Welt? Satya Nadella wird nicht müde, mit ruhigem Tonfall und entwaffnendem Lächeln in den Augen sein Mantra vorzutragen:

»Doing more with less.«

Er meint damit: Künstliche Intelligenz kann uns lästige Routinetätigkeiten abnehmen, sodass wir die gewonnene Zeit besser nutzen können: für mehr Tiefe, mehr Begegnungen, mehr Lernen. Diese Botschaft verkündet der CEO des Weltkonzerns mit der gleichen Gelassenheit, mit der er in seiner Anfangszeit bei Microsoft die Vorteile eines Excel-Sheets demonstrierte. Wie es scheint, stellte er schon als junger Marketing-Mitarbeiter den Nutzen des Produkts für die Kund:innen in den Mittelpunkt der Kommunikation, simpel und ohne Tech-Slang. 2022 kam jemand auf die Idee, das Uralt-Video auf Twitter zu posten. Der Erfolg erwies sich als durchschlagend. Bis heute wurde das Video über 80.000-mal angezeigt. Auch offline fand es breite Beachtung.

Es geht darum, was Menschen mit Technologie anfangen können

Das ist das Erfolgsgeheimnis von Satya Nadella: Er inspiriert und spricht alle Menschen an, nicht nur AI- und Technik-Freaks. Sein Geheimnis: Er verzichtet darauf, sich langatmig und für viele unverständlich über Textanalysen, neuronale Netze, Quantencomputer oder Visual Foundation Models auszulassen. Stattdessen erzählt er Anekdoten und Erlebnisse von Menschen wie du und ich. Zu seinen liebsten Narrativen gehört es zu verdeutlichen, wie Menschen mithilfe künstlicher Intelligenz »mehr mit weniger« schaffen und bewerkstelligen.

Davos, 2023. Beim World Economic Forum treffen die Reichen und Mächtigen der Welt aufeinander. Der Microsoft-Chef zählt hier zu den wichtigsten Gästen. Doch wenn Nadella sich auf dem Podium mit dem Vorsitzenden des Weltwirtschaftsgipfels Klaus Schwab austauscht, klingt das so zwanglos, als wäre er beim Neujahrsempfang der mittelständischen Wirtschaft. »Lassen Sie mich noch eine Anekdote einflechten«, fängt er an. Und dann erzählt er …

Es war einmal ein Kleinbauer im indischen Hinterland. Er wollte staatliche Fördergelder beantragen, doch sein Anliegen war verzwickt, und in Indien werden hunderte Sprachen und Dialekte gesprochen. An diesem Punkt kommt die Technologie ins Spiel. Die Anfrage, die der Bauer in seiner Sprache stellte, wurde von einem Chatbot übersetzt. Zurück kam eine konkrete Anweisung: Der Antragsteller solle sich auf einem Portal anmelden. Von dort aus würde er zu dem Förderprogramm geleitet werden, das für ihn infrage kam. Dem Bauern war das zu viel, und er befahl dem Bot: »Hör zu, ich gehe nicht auf dieses Portal. Mach du das für mich.« Wieder funktionierte alles wie von Zauberhand. Der Chatbot kümmerte sich, erledigte den Auftrag, und Satya Nadella lüftet das Geheimnis, das dem Wunder zugrunde liegt: »Der Entwickler, der das Übersetzungsprogramm baute, hat GPT genommen und auf alle Dokumente der indischen Regierung trainiert. Zum Schluss wurde das Ganze dann mit der Spracherkennungssoftware aufgerüstet.«[66]

Eigentlich alles ganz easy. So funktioniert »Doing more with less« in der digitalen Welt von morgen: Man formuliert, was man gerade möchte, den Rest besorgt eine KI. Und das Learning aus der Geschichte? Genau diese Art von Storys braucht es, wenn Sie breite und nicht technikaffine Zielgruppen erreichen und überzeugen möchten. Vor allem dann, wenn das eigene Unternehmen nicht als

profitorientiert und produktverliebt, sondern als verant-
wortungsbewusst und nahbar wahrgenommen werden
soll. Nadella hat diesen Schwenk für sich und Microsoft
längst vollzogen: »Für uns kann es nie nur um Technologie
um der Technologie willen gehen. Es muss darum gehen,
was die Menschen mit dieser Technologie machen können.«

08
FIND YOUR UNIQUE NARRATIVE
#IchBinHier

Als im Februar 2022 russische Panzer auf Kiew zurollten, hatte eines kaum jemand auf dem Radar: dass ein ehemaliger Schauspieler und nicht unumstrittener Präsident zur internationalen Ikone aufsteigen würde. Nicht durch militärische Vorherrschaft, sondern durch kommunikative Leadership. Statt im Auge eines übermächtigen Aggressors zu kapitulieren, setzte der ukrainische Regierungschef Wolodymyr Selenskyj zu einem »virtuosen Spiel auf der Klaviatur der sozialen Medien« an.[67]

Als Autorin dieses Buches möchte ich an dieser Stelle mein tiefes Mitgefühl für alle Menschen zum Ausdruck bringen, die unter den Auswirkungen von Kriegen und bewaffneten Konflikten leiden müssen. Es ist eine traurige Realität, dass viele unschuldige Menschen Opfer von Gewalt, Zerstörung und unermesslichem Leid werden.

Ich glaube fest daran, dass wir als Gesellschaft gemeinsam daran arbeiten sollten, eine Welt zu schaffen, in der Kriege und bewaffnete Konflikte der Vergangenheit angehören. Jede einzelne Person hat das Recht auf ein Leben in Frieden, Sicherheit und Würde. Statt Gewalt sollten wir den Dialog, die Diplomatie und die Zusammenarbeit fördern, um Konflikte zu lösen und eine nachhaltige und gerechte Zukunft aufzubauen.

In diesem Kapitel möchte ich den Kommunikationsstil des ukrainischen Regierungschefs Wolodymyr Selenskyj vorstellen. Sein Ansatz zeigt, dass es möglich ist, mitfühlend, authentisch und gleichzeitig entschlossen zu kommunizieren. Indem er die Stimmen der Menschen hört und sich um ihre Anliegen kümmert, ist er ein inspirierendes Beispiel dafür, wie Führungspersönlichkeiten durch einen menschlichen und empathischen Ansatz Veränderungen bewirken können.

Selenskyj, Jahrgang 1978, hat auf einzigartige Weise verstanden: Überlegene Kommunikation, empathische Videos und mediale Präsenz zählen zu den mächtigsten Waffen. Wer hat das wirkungsvollste Narrativ? Wer besetzt in den Augen der Welt die Heldenrolle? Wie erringt man Deutungshoheit? Wer agiert am erfolgreichsten auf allen Ebenen und über alle Kanäle hinweg?

No story, no glory

Mit seinem Narrativ nimmt Wolodymyr Selenskyj die Welt für sich ein. Unterstützt von einem internationalen und sehr fähigen Kommunikationsteam macht er sich die neurologische Erkenntnis zunutze: Ob in der politischen Meinungsbildung oder in der Unternehmenskommunikation – Fakten, Aktionspläne und sachliche Argumente berühren uns vergleichsweise wenig. Begeisterung und Begehren, Bewunderung und Verbundenheit dagegen lösen Narrative aus, also sinnstiftende Erzählungen, die Ereignisse begreifbar machen, emotional überhöhen und Einfluss darauf nehmen, wie Menschen sich und ihr Umfeld wahrnehmen.

Der Kulturwissenschaftler und Kognitionsforscher Fritz Breithaupt hat an der Indiana University in Bloomington erforscht, woher diese starke Kraft der Narrative rührt: Sie versprechen mit ihren Spannungsbögen und Auflösungen eine emotionale Belohnung – »etwa, dass man auf der Seite der Helden steht. In Geschichten können wir eintauchen und stehen dann mitten im Geschehen. Das ist ungemein packender als die Interpretation von Daten und Fakten.«[68]

Nun findet sich natürlich selten ein stärkeres Narrativ als das, dass ein Land bombardiert wird. Trotzdem hätten nicht alle Regierungschefs die Geistesgegenwart besessen, eine militärische Übermacht mit der Macht der Bilder und Videoclips aus dem Konzept zu bringen und »ein neues Genre der politischen Kommunikation« (FAZ) zu schaffen.[69]

Was können sich Managerinnen und Manager der C-Ebene davon abschauen? Hier sind neun grundlegende Erkenntnisse, wie Sie Ihr CEO-Narrativ mit Haltung aufladen. Denn Selenskyjs kommunikative Strategien tragen auch Business-Leader weit.

Strategie 1: Eigene Besonderheiten ausspielen

Mag sein, dass manche es komisch fanden, als die Ukraine sich ausgerechnet den Hauptdarsteller einer Polit-Comedy zum Präsidenten wählte. Heute prägt es das Land, dass sein Präsident professionell vor Kameras und Mikrofonen zu agieren weiß. Auch sonst kommt Selenskyj sein Leben vor der Politik zugute: Selbst scheinbar triviale Details seiner früheren Karriere bringen ihm Vertrauen ein. Dass Selenskyj Paddington-Bär in der ukrainischen Version die Stimme verlieh, ist nicht bloß eine nette Anekdote. Die Synchronisation des plüschigen Kinderhelden rückt ihn wie von selbst auf die Seite der Guten.

Take-away: Auch wenn Sie nicht gerade Weltgeschichte schreiben:
- Was macht Sie besonders, nahbar, unvergesslich?
- Was haben Sie, was andere nicht haben?

- Welche Fähigkeiten und Erfahrungen auf anderem Gebiet tragen Ihnen auch in der Führungsrolle Sympathiepunkte ein?

Strategie 2: Von Tag eins an Zeichen setzen

Der Überfall auf die Ukraine begann am 24. Februar 2022. An diesem Tag stand auch das Narrativ der Selenskyj-Regierung. Deshalb konnte Selenskyj, als ihn die USA zu Kriegsbeginn ausfliegen wollten, glasklar seinen Standpunkt kommunizieren: »Ich brauche Munition, keine Mitfahrgelegenheit.« Die geschichtsträchtigen Worte etablierten Selenskyj mit einem Schlag als Helden und bildeten einen Auftakt, der sich als entscheidend für den Kriegsverlauf erwies. »Ohne diesen Satz«, urteilt der Kognitionsforscher Fritz Breithaupt, »wäre die Begeisterung und Solidarität von westlicher Seite nicht zustande gekommen.«[70]

Take-away: Eindrücke bilden sich sekundenschnell und lassen sich im Nachhinein nur schwer berichtigen. Wer glaubwürdig wirken will, darf deshalb am Anfang nicht herumeiern. Ein starkes Branding lässt keinen 100-Tage-Bonus des Suchens und Findens zu. Idealerweise zahlt deshalb von Anfang an jedes Handeln und Kommunizieren auf Ihr Narrativ ein. Zielgruppen schätzen ständig wechselnde Storys so wenig wie Vierjährige Variationen bei der Gute-Nacht-Geschichte.

Strategie 3: Gemeinschaft stiften

»Wir sind alle hier. Unser Militär ist hier. Die Bürger unserer Gesellschaft sind hier«, sagte der ukrainische Regierungschef flankiert von seinen engsten Vertrauten in die Smartphone-Kamera und erklärte: »Wir verteidigen unsere Unabhängigkeit, unser Land, und das wird auch so bleiben!« Schlichte Worte. Ungeschminkte Sätze. Wir-Sprache. Ein Land steht zusammen. Alle halten durch. Eine starke Inszenierung. Absolut. Doch das allein ist es nicht. Natürlich zeigt sich Selenskyj als geschickter Kommunikator. Dass er so viele Menschen auf der ganzen Welt mitnimmt, darf aber nicht als schauspielerische Leistung missverstanden werden. Selenskyjs Sogkraft, das sagt der Kommunikationswissenschaftler Bernhard Pörksen, gründe auf einem Höchstmaß existenzieller Authentizität: »Hier ist jemand nicht geflohen. Hier beglaubigt jemand Kommunikation in radikaler Weise durch sein eigenes Handeln.«[71]

Take-away: Ein wirkungsvolles Narrativ ist mehr als eine mediale Perfomance. Es geht darum, eine Geschichte zu erzählen, die Menschen sich zu eigen machen. Dazu muss man wissen: Menschen sind geborene Sich-in-andere-Hineinversetzer. Sie wollen dem Helden im olivgrünen T-Shirt nicht bloß fasziniert zuschauen. Sie wollen die Erzählung mittragen und sich selbst als Teil des positiven Narrativs erleben. Dieser Sog entsteht aber nur, wenn Zielgruppen spüren: Hinter dem Skript, der Rhetorik, den geschickt gemachten Bildern stecken eine innere Überzeugung und ein authentisches Anliegen.

Strategie 4: Das Warum vermitteln

Jedes Narrativ steht und fällt mit dem Purpose, den es befördert. Was ist die gemeinsame Zielsetzung? Der höhere Sinn jenseits schnöder Kosten-Nutzen-Rechnungen? Die Mission, die motiviert, über die eigenen Interessen hinaus zu denken? Im Krieg in der Ukraine kennen alle die Antwort: Es geht um die Unabhängigkeit eines Landes und seiner Bürgerinnen und Bürger. Das von Selenskyj etablierte Narrativ beinhaltet aber noch einen weiteren und weiter reichenden Purpose. In der Ukraine, so die Erzählung, entscheide sich die Freiheit und Integrität der westlichen Welt. Das allseits akzeptierte Warum lautet: Um seine Freiheit zu schützen, muss der Westen bereit sein, Risiken einzugehen.

Take-away: Der Glaube an ein gemeinsames Ziel erhöht die Motivation, dies auch zu erreichen. Menschen haben den starken Wunsch, das Richtige zu tun und am Erfolg aller mitzuwirken. Narrative können deshalb Berge versetzen. Der Bestseller-Autor Yuval Noah Harari erklärt den Zusammenhang mit einem einprägsamen Vergleich: »Einen Affen würden Sie […] nie im Leben dazu bringen, Ihnen eine Banane abzugeben, indem Sie ihm einen Affenhimmel ausmalen und grenzenlose Bananenschätze nach dem Tod versprechen. Auf so einen Handel lassen sich nur Sapiens ein.«[72] Für C-Level-Entscheider bedeutet das: Ein Narrativ ist etwas Großes. Wer es bestimmt, setzt ungeahnte Kräfte frei.

Strategie 5: Attraktiv für andere erfolgreiche Menschen sein

Dank kluger Kommunikation hat Selenskyj die Großen der Welt genau dort, wo er sie haben will: in Kiew. Politikerinnen und Politiker aller Couleur reißen sich darum, vom ukrainischen Regierungschef empfangen zu werden. Sein Mut, seine Haltung, sein Anliegen sind groß genug, um Staatsoberhäupter anzuziehen, von Trudeau bis Macron. Selbst Präsident Biden reiste in einer Solidaritätsgeste nach Kiew. Ein Übriges tut die Rhetorik. Per Videoschalte ist Selenskyj im Deutschen Bundestag zu sehen, beim Weltwirtschaftsforum in Davos, bei den Grammy Awards in Las Vegas, bei der Buchmesse in Frankfurt, im EU-Parlament in Straßburg. Sogar beim größten Sportereignis der Welt, beim Super Bowl in den USA, Glendale, wendet er sich kurz vor dem Kick-off in einer kurzen Videobotschaft an die Fans. Seine Worte sind perfekt auf Anlass und Zielgruppe abgestimmt: »Ich spreche heute zu euch in einem Moment, in dem tausende Soldaten unser Land verteidigen. Und somit nicht in der ukrainischen Football-Liga spielen.« Danach werden Soldaten eingeblendet, wie sie in ihren Camps den eiförmigen Ball werfen. Unter den knapp 70.000 Fans brandet Applaus auf.

Take-away: Strategische Partnerschaften und Allianzen sind ein Schlüssel des Personal Branding. Wer andere Hochkaräter aus Politik und Wirtschaft, Kultur und Wissenschaft, Sport und Medien um sich schart, potenziert die Aufmerksamkeit und Unterstützung für die eigenen Anliegen. Die eigene Brand wächst und gewinnt an Relevanz. Eine besonders große Rolle spielt es dabei, inhaltlich und rhetorisch an die Erfahrungswelt der Zielgruppe anzuknüpfen. Achten Sie einmal bei Selenskyj darauf: Er bewegt Menschen und Nationen, in seinem Sinn aktiv zu werden, weil er sie in *ihrer* Kultur und bei *ihren* Werten abholt.

Strategie 6: Außerhalb der Linien zeichnen

Die allabendliche Videobotschaft. Das olivgrüne T-Shirt. Die geschickt auf die Zielgruppe abgestimmten Reden (zum Beispiel: »I have a need« in einer Ansprache vor dem US-Kongress, in Anlehnung an den berühmten Satz von Martin Luther King »I have a dream«). Von Anfang an hat der Selenskyj-Stil die Welt fasziniert. Inzwischen erkennen wir ihn wieder, und das ist gut so. Schließlich machte ein unverwechselbares Auftreten schon Leadership Brands wie Apple-Gründer Steve Jobs und Supreme-Court-Richterin Ruth Bader Ginsberg unsterblich.

Trotzdem greift Wiedererkennbarkeit auf Dauer nicht weit genug. Wer mit seinem Narrativ im Gespräch bleiben will, muss die Spannung hochhalten. Das bedeutet auch: aus den gewohnten Bahnen ausscheren. Genau dafür entschied sich Selenskyj, als seine Frau Olena Selenska und er sich von der Starfotografin Annie Leibovitz für die VOGUE ablichten ließen und die halbe Welt sich fragte: Dürfen die das? Glamour im Krieg inszenieren? Die Frage ist absolut berechtigt. Definitiv kann man die Verbindung von Mode und Krieg als Show abtun. Wahr ist allerdings auch: Was polarisiert, sorgt für mehr Aufmerksamkeit als die gewohnte Kommunikation, mag sie auch noch so gut und gekonnt sein. Die Aufregung darf nur nicht zu groß werden.

Take-away: Konsistenz zählt zu den Grundregeln des CEO-Branding. Vergessen Sie darüber aber nicht, Ihre Marke frisch zu halten. Nicht immer reichen dafür vorhersehbare Beiträge aus. Der eine oder andere wohlplatzierte Cliffhanger gehört auch dazu. Selbst wenn Sie damit die Grenze des Erwarteten sprengen. Und in den Augen mancher vielleicht sogar die des guten Geschmacks. Jaywalking (= außerhalb gekennzeichneter Überwege über die Straße gehen) nennt man den kalkulierten Regelbruch. Der Begriff dient hier als Symbol für den Mut, über den Tellerrand hinauszuschauen und neue Wege zu gehen: »Sichtbar wird in dem medialen Noise nur der, der etwas zu sagen hat. Das verlangt mehr als Mainstream-Wahrheiten.«[73]

Strategie 7: Messbare Ergebnisse erzielen

Selenskyj produziert mit seinen Auftritten keine heiße Luft. Er liefert konkrete, quantifizierbare Ergebnisse in Form unerwartet umfangreicher Unterstützung und hoher internationaler Beliebtheitswerte. Das Narrativ, in der Ukraine würden die westliche Werte verteidigt, hat wesentlich dazu beigetragen, dass das westliche Bündnis die Ukraine viel stärker unterstützt, als dies nach Einschätzung des früheren Spiegel-Chefredakteurs Georg Mascolo zunächst denkbar erschien.[74] Auch bei den Beliebtheitswerten ragt Selenskyj heraus: In einer Umfrage des Pew Research Center in den USA sprachen mehr als 70 Prozent der US-Amerikaner Selenskyj ihr Vertrauen aus. Zum Vergleich: Über ihren eigenen Präsidenten Joe Biden sagten das Gleiche nur 48 Prozent der Befragten.[75]

Take-away: Im Idealfall verfolgt das Personal Branding klar definierte Ziele. Sie erschöpfen sich in der Regel nicht darin, dass ein einzelner Post viral geht, so sehr dies dem

Ego schmeicheln mag. Auf der Führungsebene geht es darum, über den Tag hinaus Reputation und Glaubwürdigkeit aufzubauen. Als Kontrollgrößen dafür können beispielsweise die Anzahl der Nennungen in Zeitungen oder Fachzeitschriften, Preise, neu gewonnene Talente, Ehrungen oder Einladungen in Aufsichtsräte und Aufsichtsgremien herangezogen werden. Followerzahlen, Aufrufe, Likes oder Kommentare spielen im Vergleich dazu die zweite Geige.

Strategie 8: Das Narrativ mit Storys unterfüttern

Die Begriffe »Narrativ« und »Story« werden im CEO-Branding oft wie Synonyme verwendet. Das trifft es nicht ganz. Das Narrativ ist die große, alles umfassende Darstellung. Es entscheidet, wie Menschen, Unternehmen oder Ereignisse wahrgenommen werden. Prinzessin Diana? Die Prinzessin der Herzen. Und Selenskyj? Der Freiheitsheld und Kämpfer für westliche Werte.

Storys sind im Vergleich dazu anders. Sie unterfüttern das Narrativ, indem sie es illustrieren. Eine Story, die Selenskyj vor dem US-Kongress erzählte, klingt zum Beispiel so: »Ladies and Gentlemen, in zwei Tagen feiern wir Weihnachten. Vielleicht im Kerzenlicht. Nicht weil es romantisch ist, nein, sondern weil es keine Elektrizität geben wird. Millionen werden keine Heizung und kein warmes Wasser haben.« Die Story vermittelt denen, die im Warmen sitzen, eine Vorstellung vom Leben im Krieg. Vor allem aber zahlt sie auf das Narrativ ein: Wir halten durch, ganz gleich, was auf uns zukommt. Oder wie es Selenskyj formuliert: »Ukraine didn't fall. Ukraine is alive and kicking.«[76]

Take-away: Das Narrativ lässt sich nicht erzählen. Es setzt sich in den Köpfen der Zielgruppen zusammen. Um diesen Prozess in Gang zu setzen, brauchen Sie Geschichten. Viele Geschichten. Emotionale. Zuversichtliche. Ernst zu nehmende. Und vor allem passende. Denn jede Story kann Ihr Narrativ stärken. Sie kann es aber auch einreißen.

09
TELL A STORY, NOT A TALE
#TaeuschendEcht

Elizabeth Holmes, Gründerin und CEO des medizinischen Biotech-Unternehmens Theranos, war eine begnadete Storytellerin. Bis sie es – Achtung: Spoileralarm – nicht mehr war. Aber gehen wir zurück zum Anfang: Holmes gründete Theranos 2003 im Alter von nur 19 Jahren. Mit ihrem Start-up wollte sie eine Alternative zu den üblichen Bluttests entwickeln. Ein Piks in den Finger sollte reichen, um ein umfassendes Blutbild zu erstellen. Wissenschaftlerinnen und Wissenschaftler in den USA hofften auf eine Revolution in der Medizinbranche. Elizabeth Holmes stieg zum Shootingstar auf und versprach eine Welt, aus der sich niemand mehr vorzeitig verabschieden musste: »We envision a world in which no one has to say goodbye too soon.«[77]

Zwölf Jahre und viele Millionen Bluttests später erwies sich die Vision als Fake. Das Wall Street Journal enthüllte, dass die angeblich revolutionäre Analysetechnologie wertlos war. Die Blase platzte, Theranos verschwand vom Markt, und Elizabeth Holmes stand als Anlagebetrügerin vor Gericht. Mit Anfang 30 hatte sie fast 945 Millionen US-Dollar an Investorengeldern in den Sand gesetzt. Ihr persönliches Vermögen von 4,5 Milliarden US-Dollar schrumpfte praktisch auf null.[78]

Erfolgreich, weiblich, jung

Wie konnte es so weit kommen? Wieso priesen Bill Clinton und Barack Obama Elizabeth Holmes als *role model*? Wieso prangte sie als Vorzeige-CEO auf den Covern von Magazinen von Glamour bis Forbes? Und wie entlockte sie Männern wie Medienmogul Rupert Murdoch und Oracle-Gründer Larry Ellison das Startkapital für eine Bluttest-Revolution, die es nicht gab und nie geben sollte? Es war ihre Gabe, eine mitreißende Geschichte zu erzählen. So mitreißend, dass Disney+ sie in der Serie »The Dropout« verfilmt hat.

In Kurzform geht sie so: Es war einmal eine Stanford-Studentin mit einer faszinierenden Idee. Alle Menschen, so schwebte es Holmes vor, sollten dank des von ihr entwickelten Blutanalysegeräts namens Edison die Möglichkeit haben, sich gut um ihre Gesundheit zu kümmern und Krankheiten zu verhindern. Das Silicon Valley war von der Idee elektrisiert. Holmes scharte Stanford-Wissenschaftler und Risikokapitalgeber um sich, verließ ohne Abschluss die Uni, mietete Räume an und wurde als Visionärin gehandelt, wenn nicht gar als nächster Steve Jobs. Dass die junge Gründerin fortan bevorzugt schwarze Rollkragenpullover trug, beförderte den Mythos genauso wie das Elitestudium, das sie nach zwei Semestern abbrach. Hatten nicht die gleiche Entscheidung auch die Gründer von Apple, Microsoft und Facebook getroffen? Nun tat es eine Frau den Tech-Helden gleich, und das von Männern dominierte Silicon Valley konnte die Superwoman vorweisen, die bis dahin gefehlt hatte.

Zu schön, um wahr zu sein

Zum Gründungszeitpunkt war Edison noch eine Idee. Doch die Ingredienzien ihres Narrativs hatte Elizabeth schon beisammen und sie trugen weit.

Wie alles begann: das kleine Mädchen mit der Angst vor Spritzen, dem geliebten Onkel, der viel zu früh an einer zu spät erkannten Krebserkrankung starb, und dem großen Traum, der keinen Aufschub duldete, nicht einmal den, erst die Uni abzuschließen und dann eine Firma zu gründen.

Warum die Mission alle angeht: weil alle Menschen, egal, ob arm oder reich, das Recht haben, frühzeitig zu wissen, wie es um ihre Gesundheit bestellt ist. In einem TED-Talk 2014 findet Elizabeth Holmes große Worte: »The right to protect the health and well-being of every person, of those we love is a basic human right, a right defined in the United Nations' Declaration of Human Rights.«[79]

Wie die perfekte Lösung aussieht: ein handliches Blutanalysegerät, das Gesundheitsdaten schnell und günstig erhebt. Holmes nannte es den »iPod des Gesundheitswesens«. Angeblich ermöglichte es mehr als 240 Tests und kam Krankheitsbildern von Diabestes bis Krebs auf die Spur. Das Blut für die Analyse entnahmen die Patienten selbst aus dem Finger und füllten es in einen Mini-Container ab.

Mit ihrer Geschichte baut Elizabeth Holmes ihr Start-up zum milliardenschweren Konzern aus. Nach und nach stimmt sie auch ihr Auftreten auf die neue Rolle ab. Ganz in schwarz gekleidet, mit unverwandtem Blick und gewollt dunkler Stimme unterstreicht sie die Gewichtigkeit ihres Narrativs. Die nerdige Studentin in den formlosen Pullis entwickelt einen *signature style*, der Respekt einflößt. Mit ihren Worten geht sie dagegen sparsam um: »I speak rarely. When I do – CRISP and CONCISE«, schrieb sie auf einen Zettel an sich selbst.[80]

Hier endet die Märchenstunde. Heute wissen wir: Holmes' Erzählung wirkte perfekt. Sie war aber zu schön, um wahr zu sein. 2015 spürte der Investigativjournalist John Carreyrou auf, dass Edison nur wenige der behaupteten Tests bewältigte – und auch diese nur unzureichend. Patientinnen und Patienten bekamen Fehldiagnosen für schwere Krankheiten. Kapitalgeber verloren Investments in Millionenhöhe. Mitarbeiter kündigten, weil Elizabeth Menschenleben aufs Spiel setzte. »Holmes hat ein medizinisches Produkt vermarktet, von dem sie wusste, dass es nicht funktioniert. Ihr Gerät hat nur eine Handvoll Tests durchgeführt, die überhaupt nicht gut waren«, resümierte Carreyrou.[81]

»Ihre Story war so unwiderstehlich«

Niemand weiß, was zwischen 2003 von der ersten Idee bis 2015 bis zur endgültigen Entlarvung in Elizabeth Holmes' Kopf vorging. Vielleicht glaubte sie selbst verbissen und viel zu lang an ihr Vorhaben. Ganz sicher stand sie unter dem Druck, Investoren zu halten und die Marke Theranos zu schützen. Interessanter als Spekulationen über die Beweggründe einer Märchenerzählerin finde ich aber die Frage: Wieso fielen reiche Investoren, angesehene Unterstützer, hochrangige Politiker und seriöse Medien jahrelang auf Holmes' Bluff herein? Anders als zweifelnde Mitarbeiter konnte Holmes sie nicht feuern oder mit Klagen überziehen.

Ein Grund dafür mag in der Psyche sehr selbstsicherer, sehr erfolgreicher Menschen liegen. Eine Studie der Vermögensverwaltungsfirma Saltus zeigt: Menschen mit einem Vermögen von über 3,5 Millionen US-Dollar werden doppelt so oft zu Betrugsopfern wie Menschen mit einem Vermögen von unter 600.000 US-Dollar. Offensichtlich nehmen Reichere Risiken stärker als Chancen wahr und hängen selten an die große Glocke, wenn sie sich getäuscht sehen.[82]

Doch die Wahrheit liegt tiefer. Niemand erfasste sie pointierter als der politische Kommentator Ken Auletta, der Holmes für den New Yorker porträtierte: »Ihre Story war so unwiderstehlich.«[83] So unwiderstehlich, dass Menschen glauben wollten, was die Theranos-Gründerin ihnen auftischte. Denn natürlich gab es Warnzeichen. Von Mitarbeiter:innen erstellte Fehlerreports wurden ignoriert. Geräte konnten nicht pünktlich geliefert werden. Theranos wies die Wirksamkeit seiner Technologie nie wirklich nach.[84] Trotzdem stellten Journalisten Holmes' Storys nicht infrage, sie druckten sie ungeprüft ab.

Falls Sie jetzt denken, so leichtgläubig wären Sie nie, dann seien Sie sich nicht zu sicher. Denn die Empfänglichkeit für gute Storys ist in uns allen angelegt. Wenn eine Geschichte gut erzählt ist, zieht sie uns in ihren Bann. Wir setzen, so erklärt es der englische Dichter Samuel Taylor Coleridge (1772–1834), unsere Skepsis willentlich aus. Mehr noch: Wir geraten unwillkürlich in den Sog des Erzählten. Geschichten gehen unter die Haut. Ohne dass wir es wollen, triggern sie Emotionen und dimmen das rationale, analytische Denken. Mit gutem Grund wird Storytelling deshalb im Wissenschaftsbereich kritisch gesehen.

Unicorn = Substanz + Story

Der Fall von Elizabeth Holmes und Theranos illustriert: Storys können zum Guten und zum Schlechten eingesetzt werden. Sie können die Wahrheit erhellen oder verfälschen. Sie können Menschen mitziehen oder manipulieren. Sie können Fakt sein oder Fake. »Eine große Geschichtenerzählerin dringt mit ihrem Zauber in die Köpfe ein«, schreibt der amerikanische Literaturprofessor Jonathan Gottschall. »Sie verändert die Gefühle, was es ihr ermöglicht, die Gedanken zu verändern, was es ihr erlaubt, das Handeln zu beeinflussen.«[85]

Storytelling funktioniert. Es baut Vertrauen auf, verkauft Produkte, zieht Talente an und bringt den Rückhalt von Stakeholdern ein.

Ungeachtet ihrer dunklen Seite erfreuen sich Narrative und Geschichten deshalb großer und immer größerer Beliebtheit. Storytelling ist aber nur dann ethisch, wenn es nicht nur gut, sondern auch wahr ist. Ernst zu nehmende Unicorns und Unicorn-CxOs zeichnen sich dadurch aus, dass beides stimmt: Story und Substanz. Eines allein ist auf Dauer zu wenig. Denn wer substanzielle Ergebnisse vorweisen kann, aber nicht die passende Story hat, verschenkt Aufmerksamkeit. Fabelhafte Storys ohne Substanz dagegen zerbröseln. Früher oder später bricht das Kartenhaus ein. Jüngstes Beispiel dafür ist der Krypto-Unternehmer Sam Bankman-Fried, bekannt als SBF. Als CEO der Krypto-Börse FTX soll er zehn Milliarden Dollar seiner Kund:innen verzockt haben.

Wahre Fakten, wirkungsvoll verpackt

Vor Gericht schwören Zeugen nach der Aussage, dass sie nach bestem Wissen die reine Wahrheit gesagt und nichts verschwiegen haben. Ganz so streng sehe ich es beim Storytelling nicht. Branding-Storys müssen wahr *und* elektrisierend, wasserdicht *und* wirkungsvoll sein, andernfalls würden sie ihren Zweck verfehlen. Diese Pole zusammenzubringen erfordert ein feines Gespür. Den sichersten Schutz gegen Abstürze wie den von Elizabeth Holmes bieten natürlich reale Innovationen und reelle Produkte. Ist diese Voraussetzung gegeben, liefert der gute Zauberer Gandalf aus »Der Herr der Ringe« den Gradmesser: »Jede gute Geschichte ist es wert, ein wenig ausgeschmückt zu werden.«

Das heißt: Natürlich dürfen Sie Branding-Geschichten in eine interessante Form kleiden. Selbstverständlich dürfen Sie eingängige, bedeutungsvolle Sätze formulieren. Definitiv dürfen Sie Ihre Mission vereinfachen und verdichten, sie rhetorisch ausschmücken und Spannungsbögen herausarbeiten. Aber: Storytelling im geschäftlichen Umfeld ist kein Freibrief für Lügen, Verzerrungen, irreführende Beschönigungen oder das Weglassen grundlegender Informationen. Ganz gleich, welche Kraft Narrativen innewohnt:

Als Leader:in stehen Sie in der Verantwortung, vertrauenswürdig Informationen zu kommunizieren.

Manchmal gehören dazu auch Inhalte, die nicht ins narrative Konzept passen. Stellen Sie in solchen Fällen Ihr Storytelling auf den Prüfstand, am besten gemeinsam mit Ihrem Kommunikationsteam. Die folgenden Fragen helfen dabei:
- Werden wichtige Details ausgespart, weil sie nicht zum Narrativ passen?
- Entfallen Hintergrundinformationen, weil sie die Story schwerfällig machen?
- Werden Informationen auf eine Art und Weise eingerahmt, die Adressaten manipuliert oder täuscht?
- Werden Botschaften mit einer Bedeutung aufgeladen, die sie nicht haben?
- Fallen Fakten und Details weg, weil die Zielgruppe sie als sperrig oder langweilig empfinden könnte?
- Werden grundlegende Schwierigkeiten unter den Tisch gekehrt, um das Image zu polieren?

Alle genannten Anpassungen machen eine Geschichte schnittiger – möglicherweise aber zu wenig wahr und genau. Denn Wissenschaft und Wirtschaft liefern zwar reichlich Stoff für erzählenswerte Geschichten. Allerdings stellt sich, das sagt die Literaturwissenschaftlerin Julika Griem, der große Durchbruch oft erst nach langer Zeit ein, »in der es auch mal langweilig war, in der man warten musste, in der man Zeit totschlagen musste – und all das sind Dinge, die die Abenteuer-Erzählung eigentlich ausblendet.«[86]

Griem rät deshalb dazu, Zielgruppen gegebenenfalls ein wenig zu überfordern. Stellen wir uns vor, Elizabeth Holmes hätte ihre Vision weniger vollmundig verkauft. Nehmen wir an, sie hätte die notwendigen medizinischen Forschungen wissenschaftlich einwandfrei durchgezogen. Malen wir uns aus, sie hätte als die großartige Storytellerin, die sie ist, die Rückschläge und Lernerfahrungen, die jedes anspruchsvolle Innovationsprojekt begleiten, in ihr Narrativ integriert. Vielleicht wäre die Welt dann nicht um einen Betrugsskandal reicher, sondern um das revolutionäre Produkt, das Holmes mit 19 vorgeschwebt hat.

Gute Geschichten, strategisch an der Wahrheit vorbei

Übrigens: Elizabeth Holmes hat ihre Geschichte inzwischen weitergeschrieben. Vor Gericht gab sie ein verändertes Bild ab. Die Zeit der schwarzen Rollkragenpullover und übergroßen Blazer war vorbei. Ihre Stimme klang höher, die Haare fielen weicher, ihr Kleidungsstil ließ mehr an eine Junior-Managerin denken als an eine Vorzeige-CEO. »Es war ein Code-Wechsel, wie er geschickter nicht hätte sein können«, schrieb die New York Times. »Es war nahbar.«[87]

Die Verteidigungsstrategie ging in die gleiche Richtung. Holmes' Anwälte stellten ihre Mandantin als schlecht beratene Start-Upperin dar. Die Hauptverantwortung für das Scheitern von Theranos, so die Erzählung, trügen der Aufsichtsrat, die Mitarbeiter, Holmes' früherer Lebenspartner und Theranos-COO, der sie beeinflusst und missbraucht habe. Bis heute bleibt unklar, ob sich die einstige Star-Unternehmerin bewusst war, inwieweit ihre Technologie funktionierte. Und inwieweit nicht. Das Gericht in San

José, Kalifornien, verurteilte Holmes zu elf Jahren und drei Monaten Gefängnis. Das Berufungsverfahren läuft. Der Antrag auf Haftverschonung wurde abgelehnt.

10
BUILD TRUST AND CREDIBILITY
#SichTreuBleiben

Steve Jobs. Bill Gates. Joe Kaeser. Einige der faszinierendsten CEOs der Welt spielten in einer Klasse für sich: der Riege der Legenden und Superstars. Doch nähern sich die großen Zeiten der CEO-Tycoons dem Ende? Denn auch Visionäre und Solitäre sind fehlbar und sterblich? Vielleicht! Kaum einem Unternehmen tut es uneingeschränkt gut, sich ganz auf einen einzigen Menschen auszurichten. Wenn es um die Kommunikation geht, verstehen sich daher immer mehr CEOs eher als Chorleiter denn als Rockröhre, die auf der Bühne den Mikrofonständer zerlegt.

Die Zurückhaltung erscheint vernünftig. CEOs sind gefordert, nicht nur sich, sondern ihr Unternehmen zu vertreten. Die besten und solidesten Führungspersönlichkeiten streben an, die unterschiedlichsten Interessen und Standpunkte zu einer kunstvollen Partitur zusammenzuführen: die Geschichte der Kunden, die Geschichten der Mitarbeiter, der Aktionäre, der Aufsichtsräte, der Zulieferer, der Politiker, der Produkte. In alle diese Geschichten hinein webt sich die eigene CEO-Story – als besonders spannender, aber eben nicht als einziger Erzählstrang. Nüchtern ausgedrückt: Verantwortungsvolle CEOs nutzen Social Media & Co., um mit ihrer eigenen Marke die Reputation ihres Unternehmens zu stärken. Und das mit immenser Wirkung.

Wenn der Chefsessel im Schatten steht

Nehmen wir Tim Cook. Seit über einem Jahrzehnt steuert der Apple-CEO mit sicherer Hand eines der wertvollsten Unternehmen der Welt. Der lange Schatten seines Vorgängers Steve Jobs scheint ihn dabei nicht anzufechten. Obwohl dessen Präsenz bis heute ungebrochen ist: Steve Jobs, der der Welt den Apple Macintosh, den iPod und das iPhone bescherte ... Steve Jobs mit dem schwarzen Pullover, der randlosen Brille und dem legendären Spruch »One more thing« ... Steve Jobs, eine fast mystische Figur, wie es sie, um mit Tim Cook zu sprechen, in einem Jahrhundert nur einmal gibt.

Gegen den Designer, den Visionär, das Genie Steve Jobs muss jeder Nachfolger fast zwangsläufig entweder krampfhaft bemüht oder unfreiwillig blass wirken. Tim Cook hat diese Klippe mit Grandezza umschifft. Der Ingenieur aus den Südstaaten der USA weiß selbst am besten: Er ist kein Steve Jobs. So sehr er den Pioniergeist des Apple-Gründers bewundert, seine eigenen Talente liegen anderswo. Deshalb dachte er nicht einmal daran, es seinem Vorgänger gleichzutun. »Ich wusste, dass ich nicht Steve sein kann, ich denke, niemand könnte das«, erinnert er sich. »Was ich also tun musste, war, die beste Version meiner selbst zu sein.«[88]

Statt auf den großen Geniestreich setzt er auf solide langfristige Arbeit und stabile Unternehmensstrukturen.

Dazu passt: In der Ära von Tim Cook gibt es bis heute keine spektakulären Momente wie die Vorstellung des iMacs 1998 oder die Weltpremiere des iPhones 2007. Zwar brachte Apple auch unter Cooks Führung Innovationen wie die Apple Watch oder die Earpods hervor. Vor allem aber stieg Apple unter ihm zu einem der größten und finanziell erfolgreichsten Unternehmen der Welt auf. Cook gelang es als CEO nicht nur, die Innovationsrate des Tech-Giganten hochzuhalten. Er befähigte den Konzern, seine Kinderkrankheiten zu überwinden und Jugendsünden hinter sich zu lassen. Zu seinen Verdiensten gehört es, Lieferketten zu entwirren und die berühmt-berüchtigten Apple-Lieferzeiten zu verkürzen. Zugleich setzte Cook konsequent auf Outsourcing und entwickelte Apple so zum echten Weltkonzern, der heute mehr wert ist als Google, Amazon, Meta and Netflix zusammen.

Der richtige Mann zur richtigen Zeit

Steve Jobs' Erfolge, seine Entscheidungen, Visionen und Maßnahmen erschlossen sich nicht nur Insidern unmittelbar. Fast immer schlugen sie sich in Produkten, Designs, Auftritten und Slogans nieder, die die Welt faszinierten. Im Vergleich dazu springen viele der durch Cook veranlassten Verbesserungen und Fortschrittskatalysatoren nicht auf den ersten Blick ins Auge. Cooks Wirkungstreffer umfassen das ganze Unternehmen, sie sind systemisch und nachhaltig.

Der richtige Mann zur richtigen Zeit im wertvollsten Unternehmen der Welt: So lässt sich Tim Cook als CEO von Apple in aller Kürze charakterisieren. Denn eine Dekade nach Steve Jobs hat sich die Welt grundlegend verändert. Tim Cook steht anderen und größeren Herausforderungen gegenüber als sein Vorgänger. Arbeitete Steve Jobs sich an Microsoft ab, einer inkonsistenten Vertriebspolitik und Mutlosigkeit in den Chefetagen, muss Tim Cook seinen Konzern gegen Gefahren wappnen, die die ganze Welt bedrohen: Pandemien, Klimawandel, Energiekrisen, soziale Spannungen und den sich zuspitzenden Konflikt zwischen

China und den USA. Für Tim Cook geht es nicht um Versionsvarianten und Produkteinführungen. Es geht um das große Ganze.

In der ihm eigenen unprätentiösen Art macht der Apple-Chef dabei eine brillante Figur.

Während die Regierungen wechseln und eine Krise auf die andere folgt, steht Tim Cook wie ein Fels an der Spitze des Weltkonzerns: Mit fokussiertem Blick und sorgfältig gescheitelten Haaren sendet er Konstanz als Versprechen, Konstanz als Botschaft. Seinen Leadership-Ansatz präzisiert er auf seinem LinkedIn-Profil: »Mein Führungsstil legt Wert auf Zusammenarbeit, Vielfalt und Integration, und ich glaube, dass jeder eine Rolle bei der Gestaltung der Zukunft der Technologie spielen muss.« Der gleiche Gedanke findet sich, knackiger formuliert, auf seinem Twitter-Profil wieder, wo Tim Cook 14 Millionen Follower:innen versammelt: »Die hartnäckigste und dringlichste Frage des Lebens lautet: ›Was tust du für andere?‹«

Eine neue Kultur für Apple

Es gibt viele großartige CEO-Brands, jede auf ihre eigene Art. Tim Cook trat aus dem Schatten von Steve Jobs heraus, weil er vor allem eines ist: er selbst. Südstaatler. Pragmatisch. Solide. Und homosexuell. Als erster CEO eines Fortune-500-Unternehmens machte Cook seine sexuelle Orientierung bekannt. Mit seinem unaufgeregten Coming-out hat er einen Beitrag für eine offenere und gelassenere Gesellschaft geleistet, der nicht hoch genug einzuschätzen ist. »Mich hat noch nie jemand als normal bezeichnet«, sagt Cook in einem Porträt des Magazins GQ.

Aus eigener Erfahrung weiß er, wie es ist, einer Minderheit anzugehören. Diese Erfahrung kommt Apple zugute.

Denn Cook ist gelungen, was unter dem Superstar Steve Jobs kaum vorstellbar war. Er hat die ihm eigene innere Ruhe und Abgeklärtheit auf Apple übertragen. Der Konzern ist in der Ära nach Steve Jobs offener, freundlicher und rücksichtsvoller geworden. Es ist die große Leistung von Tim Cook, dass der Konzern inzwischen für mehr als Displays, Patente und Gestaltungselemente steht. Wie sein CEO beeindruckt Apple heute als Verfechter von Integration, Vielfalt, Verantwortung, Datenschutz und Sicherheit. In einer Zeit, in der junge Generationen und Interessengruppen Akzente setzen, erweist sich dieser kulturelle Wandel als unbezahlbar.

A sense of belonging: Zugehörigkeit schaffen

Tim Cook hat es allen Skeptikern gezeigt. Anders als zunächst gemutmaßt, folgte auf den Revolutionär, Gestalter und Visionär Steve Jobs kein fantasieloser Bürokrat. Mit Tim Cook übernahm ein Feingeist, Kümmerer und Zusammenbringer bei Apple das Ruder. Auf seine spezielle Weise verknüpft er seine persönliche Geschichte mit der des Unternehmens, und ich finde es faszinierend, ihm dabei zuzusehen. Denn Tim Cook bespielt die sozialen Medien mit ungewöhnlich farbenfrohen, lebensnahen, menschlichen Posts, auch und gerade Twitter, das nach der Übernahme durch Elon Musk mit neuen, spannenden Funktionen von sich reden macht.

- Ob es Tag des Nationalparks ist, Ostern, Ramadan, der »Asian Pacific American Heritage Month« oder der »International Transgender Day of Visibility« – Tim Cook und sein Social-Media-Team würdigen den Anlass und senden Grüße und gute Wünsche.
- Als der Sänger Harry Belafonte starb, gehörte Tim Cook auf Twitter zu den Ersten überhaupt, die ihre Trauer persönlich ausdrückten: »Die Welt hat heute einen wahren Giganten verloren. Harry Belafonte war

ein Grenzgänger, der durch sein Eintreten für die Bürgerrechte, seine Musik und seine Schauspielerei dazu beigetragen hat, unsere Welt neu zu gestalten. Möge er in Frieden ruhen.«

- Wenn der Apple-Chef nach Indien reist, postet er nicht nur Fotos vom Treffen mit Staatschef Narendra Modi. Er lässt uns auch an seinen persönlichen Reiseeindrücken und an Begegnungen jenseits des Protokolls teilhaben: mit Schulkindern, Badminton-Spielern und natürlich mit Apple-Kunden im Apple-Store.

Cooks Botschaft liegt nicht im einzelnen Post oder Tweet, sondern in der Kontinuität der Nachrichten. Zusammen verbindet sich der Strom seiner Bilder und Texte zu einem dichten Narrativ. Was Tim Cook, was Apple auch macht, stets denken das Unternehmen und sein CEO in Bezügen und Zusammenhängen: Design und Innovation, Mensch und Technik, der Einzelne und die Welt, der Wohlstand von heute und das Leben von morgen, der globale Norden und der globale Süden. Für das Publikum erwächst daraus »a sense of belonging«: das Gefühl, der weltweiten Apple-Familie anzugehören und dort gut aufgehoben zu sein.

Im Juni 2023 sorgte Cook dann doch noch für Aufsehen, als Apple die Vision Pro ankündigte. Eine Datenbrille mit dem Potenzial, die Art und Weise, wie wir mit der digitalen Welt interagieren, zu revolutionieren. Und obwohl die endgültige Bewertung der Vision Pro noch aussteht: Diese neueste Innovation könnte zweifellos dazu beitragen, dass Cook seinen Platz in der Geschichte als visionärer Technologie-Pionier festigt und seinen Ruf als führender Technologie-CEO weiter stärkt.

Roland Busch: sachlich und konzentriert ins digitale Zeitalter

Tim Cook ist nicht der einzige CEO, der strahlend aus dem Schatten eines übermächtigen Vorgängers herausgetreten ist. Auch Siemens-Chef Roland Busch meistert die Herausforderung, eine eigene Kommunikationsstrategie und einen eigenen Führungsstil zu entwickeln. Als er 2022 den Vorstandsvorsitz bei Siemens übernahm, wurde er genau wie Tim Cook unterschätzt. Der leise Physiker Roland Busch löste den meinungsstarken »Mr. Siemens« Joe Kaeser an der Konzernspitze ab. Als etwas spröde beschreibt ihn die FAZ. Zweifellos habe er nicht die Entertainer-Qualität seines Vorgängers. Das ist auch nicht notwendig. Natürlich ist Roland Busch kein Joe Kaeser – nicht so impulsiv, nicht so kämpferisch, nicht so präsent. Dafür besticht er durch Ehrlichkeit, Geradlinigkeit und Innovationsstärke. Auf seinem LinkedIn-Profil verrät er sein Verständnis von Leadership: Er schätze Managerinnen und Manager, die sich bei der Führung und Beurteilung von Mitarbeiter:innen darauf konzentrieren, welche Ergebnisse sie erzielen, nicht darauf, wie viele Stunden sie im Büro anwesend sind. Die abgewogene Haltung spricht viele an. Auf LinkedIn erreicht Roland Busch fast 100.000 Follower:innen, auf Twitter rund 20.000. Daran zeigt sich:

Um als Social CEO erfolgreich zu sein, muss man sich nicht dem Showbusiness verpflichtet fühlen.

Der klare Wille zu Kontakt und Austausch reicht. Der Siemens-Chef nutzt dafür verschiedenste Formate und setzt neben klassischen Wort- und Textbeiträgen auch Videos und Podcasts ein. Viele der Beiträge sind erkennbar mehr über ihn als von ihm. Trotzdem zeigt sich Busch zunehmend persönlich, nahbar und authentisch. Er nimmt seine Follower:innen mit auf die Reise, die Siemens ins digitale Zeitalter führen soll. Der Industriegigant will sich zum IT-Konzern wandeln. Um dieses Ziel zu verwirklichen, muss Busch viele Menschen gewinnen und mitnehmen. Er tut dies als Ingenieur und Wissenschaftler, der die Möglichkeiten der Zukunft einzuordnen weiß: »Unsere Technologien verändern den Alltag, indem sie unsere Kunden in die Lage versetzen, agile Fabriken, intelligente Gebäude und Energienetze, nachhaltigen Transport und bessere Gesundheitssysteme zu schaffen«, schreibt er auf LinkedIn. Und setzt als persönliches Statement hinzu: »Das ist es, was mich zu Siemens gebracht hat und warum ich es nie verlassen habe.«

Bei seinen Zielgruppen genießt Busch eine hohe Glaubwürdigkeit. Anders als Joe Kaeser ist er aber kein Mensch, der eindrucksvolle Medienauftritte liebt. Angeblich träumen seine PR-Leute deshalb davon, dass ihr Chef mal im internen CEO-Podcast die Gitarre zupft. Ich gebe zu: Die Vorstellung ist reizvoll. Als notwendig empfinde ich den Gig aber nicht. Die Marke Busch steht für Beständigkeit, Zuversicht und Freude an technischer Innovation. Diese Werte finden sich in Buschs Posts, Kommentaren, Videos und Podcasts – auch ohne coole Gitarrenriffs. Wobei ich mich freue, wenn es doch noch anders kommt und wir eine neue Seite kennenlernen. Busch ist bald dreißig Jahre bei Siemens. Das rockt. Das schafft Vertrauen. Das zeigt Wirkung. Oder um noch einmal Tim Cook zu zitieren: »The best technology is one that people can trust.«[89] Für die besten CEOs gilt das Gleiche. Vertrauen ist ihre wichtigste Währung.

11

GET IN THE MIND OF YOUR AUDIENCE
#DichtDran

Waren wir nicht kürzlich noch jung? Nicht nur die Boomer-Generation muss sich diese Frage stellen. Auch ihre Lieblingsmarken kommen mit ihr in die Jahre. So bekannt sie sein mögen, in den jungen Generationen verlieren sie an Relevanz. Es sei denn, sie refreshen sich und stellen sich neu auf. Genau das beobachte ich gerade fasziniert bei Deutschlands größtem Modekonzern: HUGO BOSS.

Werfen wir einen kurzen Blick zurück: Als das iPhone 6 auf den Markt kam, war ein Anzug oder Kostüm der Edelmarke aus Metzingen ein Karrieremarker. Wer BOSS trug, hatte es geschafft. Vielleicht nicht bis an die Firmenspitze. Aber ins gehobene Management auf jeden Fall. Kurz darauf lockerten sich die Dresscodes. Der Trend zum Homeoffice besorgte den Rest. Wer geht heute noch in Anzug oder Kostüm ins Büro? Die Generationen Y und Z eher nicht. Seit Daniel Grieder im Sommer 2021 als CEO die Führung des HUGO-BOSS-Konzerns übernahm, setzt er daher alles daran, die jungen Zielgruppen für die bald hundert Jahre alte Marke zu begeistern. Mit einer lässigeren Ästhetik, dynamischen Logos und einem klaren Fokus auf *casual* und *digital* leitet er die Umgestaltung ein.

Kaum zwei Jahre später hat Grieder nach den Boomern auch die Generationen Y und Z für HUGO BOSS gewonnen. Die jüngsten Zahlen jedenfalls beeindrucken: Der Konzern feierte 2022 ein Rekordjahr und übertraf sogar die eigenen hohen Erwartungen. Für das Geschäftsjahr 2025 peilt BOSS einen Umsatz von vier Milliarden Euro und den Aufstieg in die Liga der 100 Topmarken der Welt an. Auch modisch macht der Neustart Furore. Als »wirklich sehenswert« beurteilt VOGUE die Sommerkollektion 2022, perfekt abgestimmt auf die aktuellen Bedürfnisse zwischen Homeoffice und Büro.[90]

Daniel Grieder: a boss of his own

In kürzester Zeit hat Daniel Grieder die namhaften, aber leicht angestaubten BOSS-Marken wieder cool gemacht. Und zwar in den Zielgruppen, auf die es ankommt. Laut dem Global Luxury Report gehören ab 2025 siebzig Prozent der Kunden im Luxussegment den Generationen Y und Z an.[91] Der Refresh wirkt umso bemerkenswerter, als Grieder, Jahrgang 1961, seinen Zielgruppen vom Geburtsjahr her so fernsteht wie die Boomer-Manager, die bisher auf BOSS setzten, wenn es um den repräsentativen Anzug ging. Allerdings ist Daniel Grieder keiner, der stehen bleibt. »Als Marke muss man sich ständig neu erfinden, um für die Kunden relevant zu bleiben«, sagt er im Wirtschaftsmagazin Bilanz.

Für sich als Social CEO nimmt er das Gleiche in Anspruch. Schon optisch zeigt er sich flexibel und auf der Höhe der Zeit. Auf LinkedIn sieht man ihn häufig im BOSS-Hoodie. Bei formellen Anlässen trägt er das, was er den Anzug der Zukunft nennt: alles Stretch, total bequem, aus Stoffen aus der Sportbranche. Deshalb könne man darin alles machen, erläutert er, »auch Rad fahren, bergsteigen, wandern, sogar schlafen.«[92] Natürlich darf man voraussetzen, dass sich der Chef von Deutschlands größtem Bekleidungskonzern für modische Entwicklungen offen zeigt. Der wichtigste Baustein für seinen Erfolg ist aber ein anderer:

Daniel Grieder repräsentiert eine neue Art von CEO.

Wie Microsoft-Chef Satya Nadella definiert er sich als jemanden, der dazulernen will. Begierig saugt er Wissen auf, aus unterschiedlichsten Bereichen, von überall her, am liebsten direkt von der Zielgruppe, die er anspricht. Wie ernst er die Gen Z nicht nur als attraktive Zielgruppe, sondern als strategische Impulsgeber nimmt, zeigt beispielhaft das Buchprojekt »Generation Z-ukunft«. Unter anderem mit Yaël Meier und Jo Dietrich, die derzeit zu den jüngsten Stimmen der Businesswelt gehören, beleuchtet Grieder in dem Gen-Z-Erklärbuch die Anliegen und Potenziale der ersten voll digitalen Generation.

Seine Co-Autoren sind zum Teil nicht einmal halb so alt wie er. Trotzdem ist es für Grieder selbstverständlich, ihnen auf Augenhöhe zu begegnen. »She is only 21«, schreibt er über Yaël Meier auf seinem LinkedIn-Kanal, »and has already built her own successful business. It was inspiring to meet her and experience her positive, can-do mentality.«[93] Ein Kommentar zeigt, wie sehr die Haltung auffällt und gefällt: Die meisten Leader, schreibt ein Kontakt, seien zu abgehoben, um mit ihren Zielgruppen zu sprechen.

Die jungen, neuen Generationen an Bord holen

Mit seiner Haltung erfüllt der CEO eine der wichtigsten Erwartungen der Generation Z: trotz ihres jungen Alters gehört zu werden.[94] Entsprechend wirbt Daniel Grieder mit einem Staraufgebot junger Influencer, angeführt vom Tik-Tok-Star Khaby Lame. Als Social CEO zeigt er sich als Leader, der den Austausch mit der Gen Z sucht und schätzt. Regelmäßig bezieht er junge Kreative nicht nur beim Marketing, sondern auch bei Produktentwicklungen ein. Ob online oder offline, ganz gleich auf welchem Kanal man Daniel Grieder erlebt, wie kaum jemand sonst erbringt er den Beweis:

**Man muss der Gen Z nicht angehören,
um sie zu verstehen.**

Grieders CEO-Positionierung als Gen-Z-Versteher aktualisiert nachhaltig die Marken, die er verantwortet. Mehr als von den meisten anderen Konzernspitzen kann man von ihm sagen: Daniel Grieder ist HUGO BOSS. Und HUGO BOSS ist Daniel Grieder. Am heutigen Punkt schwingen CEO-Branding und das Branding des Unternehmens ähnlich erfolgreich im Gleichtakt, wie es Steve Jobs und Apple gelungen ist oder Anna Wintour und VOGUE. In einer seltenen Konstellation potenzieren CEO und Unternehmen ihre Stärke und Glaubwürdigkeit, ohne sich deshalb gegenseitig zu überstrahlen.

Take-away: Mehr noch als die Gen Y ist es die Gen Z gewohnt, im Mittelpunkt zu stehen. Wertschätzung steht hoch im Kurs, noch vor inspirierendem Auftreten, und Zoomer zeigen sich auch selbst oft als ausgesprochen angenehm im Umgang.[95] Wer sie erreichen will, legt deshalb in Sachen Respekt und positives Feedback am besten noch einmal deutlich zu. Menschen jenseits der 40 mag so viel Zuspruch als etwas zu viel des Guten erscheinen. Unter 25-Jährige finden eine Lobkultur extrem wichtig. Mit Worthülsen ist es dabei nicht getan. Diese Generation besitzt eine Art eingebauten Bullshit-Detektor und durchschaut so gut wie jeden Kommunikations- und Werbetrick.

Radikal zeitgemäße Produkte kreieren: casual, comfortable, cool

»Perception beats performance« heißt ein bekanntes Marketing-Zitat. In anderen Worten: Wie ein Produkt wahrgenommen wird, ist wichtiger als das, was es kann. Bei BOSS sah und sieht man das anders. Hochwertige Produkte bildeten im schwäbischen Metzingen von jeher den Markenkern. Der Anzug der Zukunft ist nur anders gebaut als der der Vergangenheit. Nicht mehr maskulin und aus Schurwolle, sondern bequem und aus Stretch. Und aus Respekt vor der Zukunft des Planeten vielleicht bald organisch, aus Algen oder Pilzen. Daran forscht BOSS und entwickelt weltweit mit Partnern neue recycelbare Materialien. Denn ob elegant oder casual, Qualität ist nicht verhandelbar. »Comfort und Performance sind die funktional entscheidenden Features«, sagt Daniel Grieder: »Du siehst, ich bin schon wieder beim Produkt. Da darf es nie einen Stillstand geben.«[96]

Take-away: Natürlich spielen Perception, Purpose und die mediale Positionierung eine wichtige Rolle. Sie können aber nicht die Performance ersetzen. Nachhaltige Erfolgsstorys basieren auf begehrenswerten, gut gemachten Produkten. Auch und gerade in der Generation Z. Denn die neuen, jungen Konsument:innen lassen sich von Videoclips und schönen Narrativen zwar gern unterhalten. Doch den Ausschlag geben andere Kriterien: Verarbeitung, Hochwertigkeit, Design. Eine Umfrage im Auftrag von PwC, der führenden Wirtschaftsprüfungs- und Beratungsgesellschaft in Deutschland, zeigt: 41 Prozent der jungen Erwachsenen wählen Produkte nach ihrem qualitativen Mehrwert aus, 34 Prozent schauen hauptsächlich auf den Preis. Erst danach folgt Nachhaltigkeit mit acht Prozent auf Rang drei.[97]

Erfolg neu definieren: #BeYourOwnBoss

Dass Mode von BOSS nicht mehr richtig zog, liegt auch am Markennamen. In der hart und oft bis zum Umfallen arbeitenden Boomer-Generation brachte das Wort »Boss« die Synapsen zum Klingeln. Boss zu sein bedeutete: Status, Power, Geld, Erfolg. In den jüngeren Generationen ist dasselbe Wort deutlich weniger positiv besetzt. Die jungen Generationen geben dem privaten Leben und der persönlichen Erfüllung Vorrang und arbeiten bevorzugt nine to five. Mobiles Arbeiten und Freiräume für eigene Ideen stehen hoch oben auf der Werteliste. Vor diesem Hintergrund steht Daniel Grieder vor einer kniffeligen Herausforderung:

> Wie macht er das Wort »Boss«
> für eine Generation attraktiv, die sich den Stress
> von Führung ungern antun möchte?

Grieder dachte strategisch, machte sich die Vergangenheit als Startrampe zunutze und lieferte mit einem neuen, einleuchtenden Markenkonzept einen Doppelwumms ab: »Die Marke Hugo Boss ist die Plattform. Und auf der gibt es zwei Brands: Boss für Millennials und Hugo für GenZ.« Als Umsetzung ergibt sich daraus: Für die BOSS-Kampagne wird der alte Markenname unter dem Hashtag #BeYourOwnBOSS zeitgemäß gedreht. Boss zu sein, so die Botschaft an die 25- bis 40-Jährigen, bedeutet heute nicht mehr Dominanz und Hierarchie. Vielmehr gehe es darum, sich und andere zu inspirieren und zu befähigen. Egal, ob als »she/her«, »he/him« oder »they/them«.

Bildet die BOSS-Kampagne das Lebensgefühl von heute ab, wendet sich die HUGO-Kampagne den Idealen von morgen zu. Der Slogan #HUGOYourWay holt die unter 25-Jährigen bei den Werten ab, die sie großschreiben: individuell sein, etwas bewirken, Dinge neu denken, alte Regeln über Bord werfen. Und definitiv: sich bloß nicht zu hundert Prozent festlegen.

Take-away: Höchste Qualität kennt kein Alter. Was gut und zeitlos ist, findet auch bei einer neuen und jungen Generation Anklang. Marken müssen sich dafür nur auf relevante Art auffrischen. Wie gut dies gelingt, hängt davon ab, wie dynamisch sich eine Marke die Kernideale der jungen Generation zu eigen macht. Neben Nachhaltigkeit und Umweltschutz ist das vor allem Diversität: Alle sollen sich so entwickeln und das machen können, was sie möchten. Das ist das Ergebnis der Studie »Truth about Gen Z«, für die die Werbeagentur McCann mehr als 32.000 unter 24-Jährige aus 26 Ländern befragte.[98]

Embrace digital: den digitalen Anspruch der Gen Z erfüllen

»Digital is the new normal and we have to stay a step ahead«, sagte Daniel Grieder schon 2015, als er sich anschickte, Tommy Hilfiger fit für die Zukunft zu machen. Acht Jahre später ist Grieders Einschätzung Wirklichkeit geworden: Die Generation Z bewegt sich nahtlos zwischen physischer und digitaler Realität. Auf Instagram und TikTok ist sie nicht nur zu Hause, sie produziert auch selbst ausdrucksstarke Videos und Posts. Entsprechend hohe Ansprüche stellt sie an digitale Inhalte.

Um diese hohen Erwartungen zu erfüllen, scheut Grieder keine Kosten. Ob es um sein eigenes Branding geht oder die neuen crossmedialen Digitalkampagnen für HUGO und BOSS, immer können sich die Zielgruppen beeindruckender Social-First-Inhalte sicher sein. In der jüngsten Kampagne »Bosses aren't born. They are made« beispielsweise halten Influencer:innen wie das amerikanische Model Gigi Hadid oder der britische Schauspieler Lucien Laviscount, der als nächster James Bond gehandelt wird, auf Instagram, Red und WeChat Kindheitsfotos von sich in die Kamera. Auch über hundert Mitarbeiter und Daniel Grieder selbst machen mit. Mit ihren persönlichen Geschichten illustrieren sie: Niemand wird als Leaderin oder Boss geboren. Man entwickelt sich dorthin.

Take-away: Embracing digital is key to success. Die neuen Talente genießen zwar Live-Events und das Einkaufen im physischen Geschäft. Den stationären Handel besuchen sie sogar häufiger als jede andere Altersgruppe. Anders als Verbraucher:innen über 35 findet sie die Inspiration für Einkäufe aber seltener in herkömmlichen Medien wie TV und Zeitschriften, sondern online bei Influencer:innen, in Podcasts oder durch interaktive Social Media Ads.[99] Genau darauf stimmt Daniel Grieder sein persönliches Branding ab. Er schöpft den maximalen Effekt aus und spricht seine Zielgruppe auf allen Kanälen an: online in den sozialen Medien genauso wie offline, beispielsweise in der von BOSS ins Leben gerufenen Let's Talk Series, in der er den Kultautor Stephen R. Covey (»Trust and Inspire«) als Gastredner empfängt.

Empathisch auf aktuelle Themen reagieren

Die Anliegen der jungen Generationen sind bekannt: Unternehmen und deren Leader sollen Verantwortung für eine gute, faire Welt übernehmen. Marken, die diese Vision vorantreiben, werden mit Loyalität belohnt. Folgerichtig teilt Grieder in den sozialen Medien nicht nur Eindrücke vom Hahnenkamm-Rennen in Kitzbühel, das sein Unternehmen offiziell gesponsert hat. Genauso selbstverständlich wie er sich beim Feiern zeigt, beschwört er die Solidarität mit den türkischen und syrischen Erdbebenregionen. Dabei belässt er es nicht beim Gedenken. Vor allem kündigt er praktische Hilfe an: »With so many members of our HUGO BOSS team in Turkey, our priority is to support those in need with donations and monetary aid.«[100] Nach dem gleichen Prinzip würdigt er den World Mental Health

Day: Alle Erlöse, die das Unternehmen aus dem sechsten Drop seiner HUGO-BOSS-NFT-Kollektion erzielt, gehen an ein Programm für psychische Gesundheit für junge Menschen.

Take-away: Anteilnahme an positiven wie negativen Ereignissen kommt an. Empathie darf sich aber nicht in bedeutungsvollen Worten erschöpfen. Die jungen Generationen wollen Taten und Ergebnisse sehen. Fehlt es daran, entsteht der Eindruck, dass Leader:innen werblich und egozentrisch kommunizieren, »ohne menschliche Nähe, strategische Tiefe oder gesellschaftsrelevante Bezüge«[101]. Authentisches Storytelling hingegen erweist sich als ein guter Weg, dass Social CxOs als Leitbild wahrgenommen werden. Aus dem Edelman Trust Barometer 2022 jedenfalls geht hervor: Die große Mehrheit der Bevölkerung wünscht sich von CEOs, dass diese sich in politische Debatten und gesellschaftliche Herausforderungen einbringen. Oder wie es die Autoren der Studie formulieren: »Societal leadership is now a core function of business.«[102]

Digitalisierung vorantreiben

Längst gehört die Integration von Digitalisierung zum Business wie das Produktdesign oder Personalmanagement. Jeder Konzern, der auf sich hält, arbeitet daran. Doch kaum jemand positioniert sich so offensiv als First Mover in Sachen Tech und Big Data wie Daniel Grieder. Hören wir kurz in ein Interview hinein: »Die intelligente Vernetzung und Auswertung von Daten ist heute unverzichtbar. Eines meiner ersten Projekte ist das Opening eines eigenen HUGO BOSS Data Hub. Die Idee dazu kommt letztlich aus der Formel 1.« Und weiter: »Wenn du jemals in einem Formel-1-Werk wie dem von Mercedes in Brackley gewesen bist, dann verstehst du, dass unsere Branche in Sachen professionelles Data-Management tatsächlich Neuland betritt. Dort arbeiten 1.000 Ingenieure daran, das sehr Gute immer noch besser zu machen. Jedes Detail ist wichtig, weil jedes Detail das vielleicht entscheidende Tausendstel bedeuten kann.«[103]

Einen ähnlichen Mechanismus der Effizienzsteigerung auf der Basis von validen Daten will Grieder auch bei BOSS integrieren. Sein Engagement für tech- und datengetriebene Entwicklungen kommt dem Konzern nicht nur wirtschaftlich zugute. Es trägt auch der Tatsache Rechnung: BOSS und HUGO sprechen eine Zielgruppe an, die Technologie nicht kritisch, sondern als Treiber sieht. Anders als alle ihre Vorgänger, einschließlich der Gen Y, wuchs die Gen Z von Geburt an in einer digitalen Welt auf. Laut einer Studie von Dell Technologies mit deutschen Schüler:innen und Studierenden schätzen 68 Prozent von ihnen ihre Technologiekompetenz als gut bis exzellent ein.[104]

Take-away: Digital Natives haben die digitale Transformation im Kopf längst vorweggenommen. CxOs, die die Gen Z als Konsument:innen und Arbeitnehmer:innen für sich begeistern wollen, tun deshalb gut daran, Digitalisierung, künstliche Intelligenz, Big Data und alle daraus erwachsenden Annehmlichkeiten und Möglichkeiten zu begrüßen – und dies eingebettet in faszinierende Geschichten auch kundzutun.

12
LEAD WITH A STELLAR BRAND
#SprungbrettMarke

Ich habe keine Kristallkugel. Aber ich beobachte relevante Trends, digitale Herausforderungen und junge Talente. Deshalb wage ich die Prognose: Vertreter:innen der Gen Z wie Mareike Awe, Ben Francis und Saygin Yalçin bilden die Vorhut eines Kulturwandels, der Ältere staunen lässt. In einem Alter, in dem frühere Generationen sich von Praktikum zu Praktikum hangelten, begannen sie, Ideen zu entwickeln, Unternehmen zu gründen, Vermögen zu verdienen und – das ist der springende Punkt – Menschen für ihre Personal Brand zu begeistern.

In kürzester Zeit haben sie in den sozialen Medien imponierende Reichweiten erreicht: Dr. med. Mareike Awe, Ärztin und CEO des E-Health-Coaching-Unternehmens Intumind, inspiriert allein auf Instagram 186.000 Fans. Noch viel mehr Menschen hören ihren Podcast »Wohlfühlgewicht«. Ben Francis, CEO von Gymshark, der am schnellsten wachsenden Fashion-Marke Englands, hat auf LinkedIn fast eine halbe Million Follower:innen. Der deutsch-türkische Selfmade-Milliardär Saygin Yalçin, CEO von SellAnyCar.com, erreicht auf YouTube über eine Million Abonnentinnen und Abonnenten. Doch es kommt noch mehr: Awe, Francis und Yalçin beschränken sich längst nicht auf einen Kanal. Sie bespielen mit ihrem Content konsistent alle Plattformen, die dazu geeignet sind, ihre Marke groß zu machen.

Erfolgsfaktor 1: Social Media first

Anders als alle Generationen vor ihnen haben Awe, Francis und Yalçin soziale Medien nicht erst genutzt, als sie schon an der Spitze standen. Sie haben ihren Start von den sozialen Medien aus initiiert. Ben Francis, Jahrgang 1992, bekennt sich dazu frei heraus: Er war 19, begeisterte sich für Bodybuilding und hatte zwei recht erfolgreiche Apps zum Muskelaufbau programmiert. Als nächstes Projekt schwebte ihm eine Website vor, über die er etwas an Sportlerinnen und Sportler verkaufen konnte. Was, das war ihm egal: »I wanted a website that would transact. A website that sells something (as it was something I'd never done before) and involved in the fitness industry that I'd fallen in love with. But first, I needed something to sell.«[105]

Am einfachsten, so erschien es ihm, ließ sich sein Plan mit Nahrungsergänzungsmitteln bewerkstelligen. Aus Erfahrung wusste er: Die Bodybuilder-Szene schwört darauf. Also baute er eine Website, bot Produkte zur Unterstützung der Nährstoffversorgung an, orderte sie nach Bestellungseingang bei anderen, etablierteren Händlern und verhökerte sie mit einer minimalen Marge weiter. Das war der Anfang von Gymshark.

Die Strategie klingt verrückt. Jedenfalls, wenn man nicht der Gen Z angehört und ein bisschen konventioneller denkt. Sie funktioniert aber. So wie sie auch bei Mareike Awe und Saygin Yalçin funktioniert hat: Schon während sie an ihren Ideen bastelten, arbeiteten sie an ihrer Personal Brand, bauten enorm hohe Reichweiten auf und kommunizierten mit ihren Communitys. Praktisch von Tag eins an verliehen sie ihren Produkten und Angeboten mit ihrer eigenen Geschichte, ihren Leidenschaften und Überzeugungen Glaubwürdigkeit. Mag sein, dass sie ihre Pferde nach herkömmlichem Verständnis von hinten aufzäumten. »Businessman? Or social media superstar?« überschrieb das Magazin Esquire ein Interview mit Saygin Yalçin. Beides trifft zu. Der Gastarbeitersohn, der in einfachen Verhältnissen in Bremen aufwuchs, gründete unter anderem Sukar.com und SellAnyCar.com. Auf YouTube bedient er passend zu seiner eigenen Geschichte den Traum von Reichtum und Erfolg und erreicht mit einzelnen Videos bis zu 200.000 Aufrufe.[106]

Take-away: Ganz einfach: Work on your brand! Von Anfang an. Nicht erst, wenn Sie schon jemand sind und große Erfolge zu kommunizieren haben. Eine herausragende Karriere ist gut. Doch noch mehr Reichweite, Gestaltungskraft und Wachstumsmöglichkeiten erreicht, wer früh eine herausragende CEO-Brand aufbaut und kapitalisiert.

Erfolgsfaktor 2: Auf allen Kanälen präsent

Awe, Francis und Yalçin leben Unternehmenskommunikation, und ihr Personal Branding steht im Zentrum von allem. Werfen wir noch einmal einen Blick auf Gymshark-Gründer und CEO Ben Francis. Nach dem Geschäft mit Nahrungsergänzungsmitteln wandte sich der jüngste und schnellste Selfmade-Milliardär der Welt einer anderen Idee zu. Der passionierte Bodybuilder vermisste am Markt Fitness-Outfits, die seine Muskeln gebührend zur Geltung brachten. Also kaufte er sich einen Siebdrucker und eine Nähmaschine und produzierte in der Garage seiner Eltern die Fitness-Klamotten, von denen er träumte. Die Entwürfe schickte er den Bodybuildern auf YouTube, die seine Helden waren.

Die neue Strategie hob ab. Bei Gymshark gab es Fitnesskleidung, die auch bei Promis ankam, und Francis spannte immer mehr Fitness-Influencer und deren Fanbase für sich ein. Nach fünf Jahren hängte sein Unternehmen beim Wachstum selbst Giganten wie Nike und Lululemon ab, Tendenz: anhaltend. »Francis' Armee von Influencern hat ihn zum Milliardär-Status hochgepowert«, resümiert das Forbes-Magazine.[107] Ben Francis hat aber nicht nur verstanden, Umsatz über die sozialen Kontakte anderer zu generieren. Zeitgleich zu seinem Sortiment baute er selbst eine CEO-Brand auf, der Hunderttausende vertrauen und die sie bewundern.

In den sozialen Kanälen gibt es an dem Gymshark-Chef praktisch kein Vorbeikommen.

Auf LinkedIn folgen ihm über eine halbe Million Follower:innen. Auf seinem YouTube-Kanal gibt er 255.000 Abonnentinnen und Abonnenten exklusive Einblicke hinter die Kulissen seines Lebens. Fast 100.000-mal wurde sein Video »What no one tells you about being a CEO« aufgerufen. Der persönliche Einsatz kommt an. »I love to watch Ben's videos«, lautet ein enthusiastischer Kommentar von vielen. »I binge them as soon as they come out. It feels like meeting with a mentor. So much to learn from the videos thank you Ben (and the team)!« Fast noch mehr beeindruckt mich: Der Beitrag hat aktuell über 3.000 Likes erhalten – und nicht ein einziges Dislike. Auch auf TikTok, Instagram und Twitter inspiriert Ben Francis Tausende von Fans. Auch dort kann man ihn nicht nur als CEO, sondern auch als den passionierten Bodybuilder erleben, der er war und ist.

»Unsere Fans zählen ihre Macros und wissen, wie man den Deadlift richtig ausführt«, erläutert er in einem Interview.[108] Die Fitness-Szene entnimmt daraus: Ben Francis wirft nicht nur coole Fitness-Outfits auf den Markt. Er kennt sich wirklich aus, mit Makronährstoffen und Kreuzheben und allem, was Fitness- und Kraftsportler:innen sonst so bewegt.

Take-away: LinkedIn ist für CEOs als Kanal praktisch Pflicht. Wollen Sie die volle Power Ihrer Personenmarke ausspielen, empfiehlt es sich darüber hinaus, weitere Plattformen in den Blick zu nehmen. Eine Multi-Channel-Strategie im Stil der jungen Gen-Z-CEOs ist eine Überlegung wert, auch in Hinblick auf die Reputation Ihres Unternehmens. Denn zögerliche oder gar anonyme CEOs sind von gestern. Unternehmenskommunikation ist heute Chefsache. Nichts bestimmt das Image eines Unternehmens mehr als die Entscheiderinnen und Entscheider, die in der Öffentlichkeit sichtbar werden.

Erfolgsfaktor 3: Volles Programm, faszinierende Facetten

Einen ähnlichen Weg wie Ben Francis beschreitet auch die Ärztin und Intumind-CEO Mareike Awe. Ihr Produkt: das digitale Abnehmseminar Intueat. Ihr Alleinstellungsmerkmal: ein Personal Branding, mit dem sie in einem hoch umkämpften Markt jedes Jahr Tausende Kundinnen überzeugt. Wichtigster Bringer: ihr Podcast »Wohlfühlgewicht«. Bald 400 Folgen davon hat Awe produziert und sensationelle zehn Millionen Downloads erreicht.

Schauen wir uns Awes Branding-Strategie im Detail an. Folgt man Dr. med. Mareike Awe (»für dich einfach nur Mareike«) auf ihrem Podcast, sieht das so aus: An einem Tag erläutert sie Affirmationen für den Morgen – »für eine ordentliche Portion Selbstliebe«. An einem anderen spricht sie über toxische Beziehungen und wann es Zeit wird zu gehen. Dazwischen promotet sie im Gespräch mit verschiedenen Kursteilnehmer:innen ihr Hauptprodukt: das zehnwöchige Online-Coaching Intueat. Es kostet 549 Euro und bietet Mentalübungen sowie eine interne Facebook-

Gruppe, in der sich die Teilnehmer:innen austauschen können.

Das war aber erst der Anfang. In ihrem Online-Store verkauft Mareike Awe Porzellanbecher für »Wohlfühlmenschen« und Frühstücksbrettchen zur intuitiven Ernährung. Auf LinkedIn postet sie über Mitarbeiterführung, Persönlichkeitsentwicklung und sinnhaftes Unternehmertum. Auf ihrem Buch mit dem türkis-gelben Gute-Laune-Cover prangt der rote Spiegel-Bestseller-Aufkleber. Auf TikTok macht sie per Selfie-Video den Realitätscheck in Sachen Aussehen und zeigt mutig: Auch ihr Vorzeigekörper hat bei näherer Betrachtung Dellen und Wellen. Im Gastbeitrag des Magazins Strive schreibt sie, warum Leadership manchmal unangenehm sein muss. Auf Instagram postet sie Psycho-Weisheiten (»Neid kann man supergut shiften«) und zeigt sich geschmeidig und strahlend als die beste Werbung für ihr Produkt.

Wie Ben Francis hinterlässt Mareike Awe auf allen Kanälen ihre Fußspuren und fühlt sich dabei sichtlich und hörbar wohl. Als Gesicht ihres Unternehmens erreicht sie mit ihrer Personal Brand deutlich mehr Menschen als die Plattformen ihres Unternehmens. Dabei verbindet sie ihre professionelle und ihre persönliche Seite perfekt zu einem großen, authentischen Gesamtbild. Je nach Kanal zeigt Awe immer wieder neue faszinierende Facetten: als Leaderin, Ernährungsmedizinerin und Unternehmerin, aber auch als junge Frau, die das Leben genießt und sich Kinder wünscht, nur eben nicht jetzt sofort. »Ich persönlich möchte Kinder in die Welt setzen und ihnen ein tolles Leben ermöglichen«, äußert sie sich auf LinkedIn, »gemeinsam mit Marc, aber erst in 2-3 Jahren :) Unser Baby intumind nimmt gerade den vollen Fokus.«[109]

Take-away: Attraktive Brands kreieren positive Vibes. Zunehmend gehört es zur Professionalität, sich als Mensch mit Haut und Haaren zu zeigen. Unterschiedliche Kanäle unterstützen Sie dabei. Denn so, wie Sie im T-Shirt anders rüberkommen als im dunklen Anzug, wirken Sie im TikTok-Video nahbarer als auf LinkedIn und im Podcast unterhaltsamer als beim Experteninterview in einem Wirtschaftsmagazin. Jeder Kanal, jedes Medium fordert Sie auf andere Weise heraus. Jedes inspiriert Sie, unterschiedliche Seiten einzubringen. Und trotzdem immer angemessen zu bleiben.

Erfolgsfaktor 4: Menschen erreichen

Die Frage nach den richtigen Kanälen verdient Beachtung. Niemand weiß, welche sozialen Medien in den nächsten Jahren am meisten gefragt sind. »Es gibt keine klaren Gewinner«, sagt SellAnyCar-CEO Saygin Yalçin. »Es braucht einen fortlaufenden Innovationsprozess, um relevant zu bleiben.«[110] Yalçin spricht einen wichtigen Punkt an. Es kann Ihr Branding schwächen, wenn ein Social-Media-Kanal an Glaubwürdigkeit oder Beliebtheit verliert. Letztendlich allerdings hängt der Erfolg Ihrer Branding-Strategie nicht von einem bestimmten Kanal oder Medium ab. Am Ende des Tages zählt vor allem eines: Sensationelle Reichweiten erzielt, wer Menschen intellektuell zu erreichen und emotional zu berühren versteht. Mareike Awe hat zu diesem Thema einen bemerkenswerten LinkedIn-Beitrag geschrieben. Ich finde ihn so fundamental, dass ich sie direkt selbst zu Wort kommen lasse:

»Ich war anfangs unsicher, ob ich zu meinen Themen schreiben soll und ob es überhaupt jemanden interessieren würde, was ich zu sagen habe. Doch mittlerweile weiß und verstehe ich, dass jede einzelne Stimme einen Unterschied macht. Jedes ›Like‹, das du für eine wichtige Message vergibst. Jeder ›Share‹ eines Beitrages. Jeder Kommentar, jedes ›Follow‹ und jeder Post. Jede Weiterempfehlung eines Profils, jedes ›darüber sprechen‹ mit Kolleg:innen. All das hilft wahnsinnig, Menschen zu erreichen und einen Unterschied zu machen. Dieser Post soll als

Reminder dazu dienen, dass LinkedIn eine Plattform ist, um aufgeweckte Menschen zu erreichen und wichtige Meinungen zu spreaden.«[111]

Take-away: Die Social-Media-Stars unter den CEOs sind diejenigen, die ihrer Community aus der Seele sprechen. Die ihren Ton treffen, ihre Themen aufgreifen, ihre Werte teilen und im besten Sinn des Wortes mit ihnen kommunizieren: indem sie Austausch und Inspiration bieten. »Damit wir«, wie es Mareike Awe formuliert, »gemeinsam als aufgeweckte Gesellschaft vorangehen können und gemeinsam mehr Wahrheit in die Welt bringen.«

Erfolgsfaktor 5: Mit persönlicher Leidenschaft zur unverwechselbaren Marke

Was ist der Zweck meiner Marke? Wie lautet kurz und knackig meine Mission? Auf welchen Kanälen erreiche ich mein Publikum am besten? Wie stelle ich sicher, dass meine Marke relevant und konsistent bleibt? Mit fällt auf: Die Antwort auf diese Fragen fällt Menschen am schwersten, die sich jahrelang darauf konzentriert haben, ihre Unternehmen voranzubringen und den Job vorbildlich zu machen. Ausgerechnet die erfolgreichsten Leistungsträger:innen und Performer müssen die persönliche Positionierung jenseits des renommierten Job Title oft erst mühsam herausschälen.

Menschen wie Awe, Francis und Yalçin haben dagegen schon in jungen Jahren verstanden: Am erfolgreichsten positioniert man sich mit den Themen, die einen selbst bewegen, begeistern und faszinieren. Intuitiv haben sie ihr Business von Tag eins an auf das gegründet, wofür sie brennen. Bei Mareike Awe war es die Erfahrung, wie schwer Abnehmen geht, bei Ben Francis seine Obsession für Fitness und IT, bei Yalçin das Business-Gen, das er an der elitären WHU Otto Beisheim School of Management in Vallendar erst richtig zum Vorschein kommen ließ. Auf diesen persönlichen Vorlieben und Interessen fußt ihre Identität. Auf sie gründen sich ihre Erfolge, ihr Business und eben auch ihre CEO-Brands. Aus ihren persönlichen Geschichten leiten sie den Sinn ihres Handelns ab.

- Mareike Awe möchte Menschen mehr Gesundheit und Lebensfreude schenken.[112]
- Ben Francis treibt das Ziel, der Gymshark-Community zu geben, was sie braucht.[113]
- SellAnyCar-CEO Saygin Yalçin bringt große, lukrative Märkte online, die bisher wenig digitalisiert waren.

Alle drei Leitideen sind klug gewählt. Denn Awe, Francis und Yalçin befinden sich zwar schon weit oben, aber wie alle ihrer Generation erst am Anfang. Von dem Platz aus, den sie sich erobert haben, steht ihnen die Welt offen. Schon heute sind ihre CEO-Brands so außerordentlich stark, dass jede ihrer Unternehmungen quasi zum Selbstläufer wird. Wohin auch immer ihre Business-Ideen und die Begeisterung ihrer Fans Mareike Awe, Ben Francis und Saygin Yalçin noch führen, die strategische Ausrichtung ihrer Personal Brands ist so einzigartig und gleichzeitig weitgreifend, dass sie noch ganz anderes und mehr als das bereits Erreichte überspannt. In anderen Worten: Die wichtigste Voraussetzung für einen stimmigen Refresh ist in ihre CEO-Brand schon eingebaut.

Take-away: Personal Brands entwickeln sich. Mit den Jahren, den Aufgaben, den Erfolgen, den Ressourcen. Selbst den herausragendsten Marken tut eine gelegentliche Auffrischung gut. Dann ist im Vorteil, wer über eine lebendige, atmende Brand verfügt. Dreh- und Angelpunkt dafür ist ein Selbstverständnis, das sich auf immer neue Weise verwirklichen lässt.

13

BE THE SIGNAL AMIDST THE NOISE
#DJCEO

Auf dem Dancefloor heizt er die Stimmung hoch, im Boardroom gibt er den Ton an. David M. Solomon ist eine Ausnahmeerscheinung in der Riege der Top-CEOs. Seit 2018 führt er als CEO und Chairman die US-Investment-Bank Goldman Sachs, seit 2015 legt er unter dem Künstlernamen DJ D-Sol regelmäßig bei Events und in Clubs elektronische Musik auf. Beides ist ihm wichtig, beides macht ihn als Menschen aus, und wer Solomons Eintauchen in die Techno-Musik für ein Hobby als Ausgleich zum Topjob an der Wallstreet hält, liegt falsch.

Mit Solomon, dem CEO, und Solomon, dem DJ, ist es nämlich ein bisschen wie mit der Henne und dem Ei: Weder die eine noch die andere Beziehung lässt sich, wie es in der Mathematik heißt, topologisch sortieren. Niemand kann sagen, ob Solomon mehr Künstler im Chefsessel oder doch eher Banker am Plattenteller ist. Er ist in beidem Profi und herausragend erfolgreich. Das Leben im Genre-Mix macht Solomon einzigartig. Ich kenne keinen anderen

CEO, der so selbstbewusst das Beste aus zwei Welten verbindet. Sein Doppelleben macht ihn aber auch angreifbar.

Filmreif: eine Karriere wie im amerikanischen Traum

Ein DJ auf dem Chefsessel einer der mächtigsten Banken der Welt. Wäre die Geschichte nicht wahr, hätte Hollywood sie nicht besser erdenken können. David Solomon, Jahrgang 1962, liefert mit seiner Vita genügend Stoff für ein Oscar-reifes Filmskript. Denn er glänzt nicht nur in zwei Hauptrollen. Sein Leben illustriert auch den immer noch aktuellen Mythos des amerikanischen Traums.

Fangen wir am Ende an: 2022 wurde Solomons Nettovermögen auf eine Größenordnung von 75 Millionen Dollar beziffert.[114] Das war nicht immer so: Der heutige Goldman-Sachs-CEO stieg aus einer ganz normalen Mittelschichtsfamilie in die Topliga der Reichen und Mächtigen auf. Mit nichts als einem Bachelor-Abschluss in Politikwissenschaft in der Tasche bewarb er sich in den 1980er-Jahren bei Goldman Sachs. Doch Fehlanzeige! Solomon kassierte eine herbe Abfuhr. In die Finanzwelt stieg er trotzdem ein. Unbeirrt arbeitete er sich von Bankjob zu Bankjob hoch und machte sich einen Namen als Experte für risikoreiche Anleihen. Dann endlich, 1999, erfüllte sich sein Traum. In einem der turbulentesten Jahre der Firmengeschichte von Goldman Sachs schaffte Solomon den Sprung dorthin, wo er von Anfang an mitspielen wollte.

Bankenkenner sprachen damals von dem Jahr der Palastintrige. Doch Solomon wusste sich im Haifischbecken der »Goldmänner« zu behaupten. Im Lauf der Jahre stieg er zum Leiter der Investmentbanking-Abteilung auf, später gemeinsam mit seinem Management-Kollegen Harvey Schwartz zum Präsidenten und Co-Chief Operating Officer. Unter Solomons Führung folgte die Bank dem Trend des Silicon Valley und lockerte den Dresscode für die Mitarbeiter, erhöhte die Gehälter der Programmierer:innen und modernisierte die IT-Systeme. Im Herbst 2018 schließlich folgte die Krönung: Nach einem Kopf-an-Kopf-Rennen mit Harvey Schwartz eroberte Solomon die Spitze von Goldman Sachs. Sein Aufstieg fiel in goldene Zeiten: Goldman Sachs galt als Investmentbank, die in der Welt das Sagen hatte. Ganze fünfzehn Jahre lang stand sie in Folge auf der Liste der meistbewunderten Unternehmen des Forbes-Magazins. Doch das ist erst die halbe Geschichte.

Congrats, DJ-CEO

Denn während Solomon sich an der Wall Street anschickte, eines der mächtigsten Geldhäuser der Welt anzuführen, professionalisierte er, als wäre es das Selbstverständlichste der Welt, sein Talent als Diskjockey. Mit seinen Beats, seiner Energie und seiner Lebenslust entwickelte er sich zum umjubelten Star der elektronischen Tanzmusik. Unter dem Clubnamen »DJ D-Sol« begeistert er Tausende von Menschen und legt Platten in den angesagtesten Clubs und bei den hippsten Festivals auf, zum Beispiel beim US-Rockfestival Lollapalooza mit Pop- und Rockgrößen wie Metallica, Dua Lipa, Doja Cat und Green Day. Auch als Produzent und Komponist macht Solomon sich einen Namen. Seine Remixes von Hits von Fleetwood Mac und Whitney Houston gehen ins Blut.

Die Zugriffszahlen in den sozialen Medien lassen seinen Erfolg ermessen. Auf Spotify verzeichnet der Goldman-Sachs-CEO eine halbe Million Follower:innen. Fast vier Millionen Menschen haben sich dort seinen neu gemischten Track von Whitney Houstons »I wanna dance with somebody« angehört oder heruntergeladen. Auf YouTube wurde Solomons Song »Electric« über 75.000-mal aufgerufen und begeistert kommentiert: »The best song a Goldman Sachs CEO ever released«, schreibt ein Fan. »He's my favourite ceo now«, kommentiert ein anderer. »Pretty good honestly… Congrats DJ-CEO«, gratuliert ein dritter, und bringt in fünf Buchstaben Solomons Doppelrolle auf den Punkt.[115] Keine Frage: In der Musikszene kommt die bemerkenswerte Kombination aus Musiker und Konzernchef an. Dass ein CEO auch als DJ erfolgreich ist und ein DJ auch als CEO, steigert Solomons Ansehen und Sichtbarkeit in der Finanz- und der Musikwelt gleichermaßen.

> **Das CEO-Branding und das DJ-Branding**
> **beflügeln sich gegenseitig.**

Nicht obwohl, sondern weil Solomon sich mit widersprüchlichen Facetten in seine Marke einbringt, zieht er Menschen in seinen Bann. Und auch das ist wichtig: Seine DJ-Gage kommt wohltätigen Zwecken zugute. Perfektes Branding, sollte man meinen, und alle Stakeholder profitieren davon: Solomon, Goldman Sachs, das Musikgeschäft und die begünstigten Organisationen auch. Doch der vermeintliche Glücksfall erweist sich als Stolperstein.

Doppeltes Leben, doppelte Angriffsfläche

Hier der Banker, da der Musiker. Zwei Karrieren wie aus dem Bilderbuch. Für Journalist:innen erwächst daraus ein Problem. Wer Solomon porträtiert, muss sich entscheiden, welchen Lebensweg er in den Fokus rückt: Ist Solomon ein Bankenchef mit einem extra coolen Hobby? Oder ein Musiker, der zudem eine der begehrtesten Positionen an der Wall Street ausfüllt? Wohin das Dilemma führt, verdeutlicht eine Headline der Washington Post. 2018, also in dem Jahr, in dem Solomon als CEO berufen wurde, brachte die Post ein Porträt über ihn. Es war mit dem Titel überschrieben: »Der Künstler für Elektro-Pop, der bald Goldman Sachs leiten könnte«.[116] Der Aufhänger ist als Aufmerksamkeitsmagnet klug gewählt. Seine Grammatik lenkt aber den Blick vornehmlich auf Solomons künstlerische Seite. Für seine Bankkarriere bleibt der Nebensatz.

Der Stempel, den die Washington Post und andere Medien Solomon aufdrückten, verfolgt den Goldman-Sachs-Chef bis heute. Was er auch tut, wann immer über seine Managemententscheidungen, seine Business-Erfolge, seine finanziellen Misserfolge berichtet wird, seine jahrzehntelangen Verdienste und Erfahrungen im Investmentbanking kommen kaum zur Sprache. Stattdessen ergehen sich Presseberichte in Andeutungen, der Chairman und CEO von Goldman Sachs verfolge noch andere Interessen als Anleihen, Bonds und Boni. Gewollt oder ungewollt weckt die Berichterstattung Assoziationen, die das Image eines der profiliertesten CEOs an der Wall Street eintrüben. Schließlich hat das Show- und Musikgeschäft viele und spektakuläre Absturzgeschichten hervorgebracht: Elvis Presley, Janis Joplin, Kurt Cobain, Michael Jackson, Whitney Houston, Amy Winehouse …

Niemand kann behaupten, Größe schütze vor dem Fall. Was, wenn sich auch der DJ von Goldman Sachs vergaloppiert? Und mit sich ein weltweit führendes Investmenthaus beschädigt? »Mr. Solomons Hobby beißt sich gelegentlich auf eine Weise mit seinem Tagesjob, die möglicherweise einen Interessenkonflikt darstellen könnte«, orakelt die New York Times.[117] Das sind viele Abschwächer und Konjunktive in einem Satz. Sie bedeuten nichts anderes als: Es gibt keine Beweise.

Aber auch subtile, versteckte Signale beeinflussen Einstellungen und Wahrnehmungen.

In voller Härte kamen die Vorbehalte gegen Solomons Doppelleben erstmals während der Corona-Krise zum Vorschein. DJ D-Sol legte in dieser Zeit bei einem Wohltätigkeitskonzert der »Chainsmokers« in den Hamptons auf, dem Wochenend-und-Sommer-Tummelplatz der New Yorker High Society. Die über 2.000 Gäste hatten für ihre Tickets bis zu 25.000 Dollar gezahlt. Auf dem Dancefloor, elektrisiert von der Musik, ignorierten viele im Publikum die Corona-Abstandsregeln. Solomon ließ über einen Sprecher mitteilen, er sei zu dem Zeitpunkt, als die Party aus dem Ruder lief, längst zu Hause gewesen. Das leuchtet ein: Immerhin hatte er am nächsten Morgen eine Bank zu leiten.[118]

Der Vorfall blieb ohne Nachspiel. Doch Solomons Leben als DJ-CEO dient weiter als wohlfeile Zielscheibe. Die Redaktion des Business Insider nahm seine Musikleidenschaft zum Anlass, interne Vorwürfe gegen ihn zu sammeln und offenzulegen: Angeblich habe Solomon den Goldman-Sachs-Firmenjet genutzt, um auf dem legendären Lollapalooza-Musikfestival aufzulegen. Möglicherweise habe die PR-Abteilung Texte über Solomons DJ-Auftritte verfasst und veröffentlicht. Einige Aktionäre und Vorstandsmitglieder, so hieß es, zeigten sich irritiert über die Zeit und Aufmerksamkeit, die Solomon seinem Nebenjob widmete. Ungenannte interne Widersacher äußerten sich besorgt, Solomon könne eigene Interessen über die Belange des Unternehmens stellen. Ein weiterer Vorwurf galt Solomons Social-Media-Konten: Er unterscheide zu wenig deutlich zwischen seiner Rolle als CEO von Goldman Sachs und seiner Rolle als Musikproduzent und Promi-DJ. Letzteres stimmt. Solomon machte in den sozialen Medien aus den Facetten seines Lebens keinen Hehl.

Das CEO-Branding: eine Kraft, mit der zu rechnen ist

Man kann es seltsam und vielleicht sogar fragwürdig finden, wenn ein Top-CEO in zwei Welten zu Hause ist. Tagsüber im Maßanzug, abends im T-Shirt, tagsüber im lichtdurchfluteten Meeting-Raum mit Keksteller und Besprechungstisch, abends auf dunklen Dancefloors, das entspricht sicher nicht dem Klischee des CEO, der sich im Einsatz um das Wohl des Konzerns zerreibt. Doch ist diese Einstellung noch zeitgemäß? Lebt Solomon wirklich in zwei einander ausschließenden Welten? Man könnte auch argumentieren, gerade das Lebensgefühl als DJ treibe ihn an, die Stimmung bei Goldman Sachs zu lockern und das konservative Traditionsinstitut zur energiegeladenen Investmentbank zu wandeln. Und noch eine Frage drängt sich auf: Was zahlt eigentlich das Bankhaus Goldman Sachs seinem CEO für den Kontakt zu den fünf Millionen Follower:innen, die DJ D-Sol auf Spotify folgen? Ob beim Wettbewerb um die Kunden der Tech-Industrie oder beim Recruiting junger Talente – der coole Eindruck, den Techno-Fans dank Solomons Leidenschaft für Rhythmen und Beats von Goldman Sachs erhalten, ist für die Finanzinstitution Gold wert. Denn seien wir realistisch: Wir leben heute in einer transparenten Welt.

Von CEOs wird erwartet, unverwechselbar und super sichtbar zu sein.

Sie bloggen, treten in Podcasts auf, gehen ins Fernsehen, posten auf LinkedIn, schreiben Bücher, geben Interviews und erreichen damit im Idealfall viele Tausende von Menschen. Naturgemäß schürt diese hohe Bekanntheit den Wunsch nach mehr. Die Öffentlichkeit zeigt sich fasziniert von allen Aspekten im Leben eines CEO, auch den privaten. Dieser Promistatus kommt dem Unternehmen zugute. Ob zu Recht oder zu Unrecht, Social CEOs beeinflussen in einem nie da gewesenen Maß, wie ihr Unternehmen in der Öffentlichkeit wahrgenommen wird. Ihr Handeln, ihre Überzeugungen, ihr privates Leben und ihre kreativen Leidenschaften wirken sich unmittelbar auf das Ansehen ihres Unternehmens aus.

David Solomon hat diesen Zusammenhang früher als andere verstanden. Dass er an zwei Schauplätzen brilliert, macht ihn als CEO für Goldman Sachs umso wertvoller. Als DJ-CEO ist er einzigartig. Im Kampf um Aufmerksamkeit sticht er aus der Masse der Konzernchefs heraus. Denn für den Erfolg als Social CEO gibt es zwar keine Geheimformel. Doch die wichtigste Voraussetzung für ein attraktives CEO-Branding kennen wir alle: Authentizität. Diese Ingredienz bringt Solomon im Übermaß ein. Seine Leidenschaft für Disco, Soul und House ist keine Attitüde, nichts, dem er nachgeht, weil es cool ist. Sie ist auch nichts, was seiner Arbeit als CEO im Weg stehen muss.

Nüchtern betrachtet ist es doch so: Seit fünf Jahren steuert Solomon eine der bekanntesten und traditionsreichsten Banken der westlichen Welt. Seit dieser Zeit fährt die weltweite Finanzwelt Achterbahn. Die Folgen des Kryptobörsentumults, des Ukrainekriegs und der Inflation gehen auch an Goldman Sachs nicht spurlos vorüber. Erzielte Solomon 2021 noch Rekordgewinne, vermeldete er 2022 wie zuvor die Citigroup und Wells Fargo einen heftigen Gewinneinbruch. Goldman Sachs kündigte daraufhin massive Entlassungen an und kürzte die Vergütung für ihren CEO auf 25 Millionen Dollar. Mit rund 30 Prozent weniger in der Tasche verlor Solomon deshalb 2023 seinen Status als bestbezahlter Wall-Street-Boss. So what? Turbulenzen sind kein Drama, schon gar nicht in einem herausfordernden Umfeld. In der enorm volatilen Finanzwelt müssen sie nicht mehr bedeuten als eine Verschiebung um ein paar Ränge in den Musikcharts.

Klare Brands und aufgeräumte Profile

Es überrascht daher nicht, wenn das CEOWorld Magazine David Solomon auch 2023 als einen den besten einhundert CEOs der Welt listet.[119] Dessen anhaltender Höhenflug rührt auch daher, dass er aus Kritik lernt und sein Branding anpasst. Seine Konten in den sozialen Medien zum Beispiel führt er inzwischen mit klarer Trennung: Sein

LinkedIn-Account mit fast 1,2 Millionen Followerinnen und Followern verrät nichts über den erfolgreichen Diskjockey. Auf Instagram hingegen erfahren wir viel über Auftritte, Festivals und Compilations und nichts über Jahresabschlüsse. Beide Konten sind unabhängig voneinander erfolgreich und berühren sich nicht.

Natürlich ist die Trennung der CEO-Rolle und der DJ-Rolle in erster Linie eine kosmetische Lösung. Sie nimmt Kritikern den Wind aus den Segeln. Im wahren Leben lebt David Solomon weiterhin mit Hingabe alles aus, was ihn auszeichnet und begeistert. Und genau so wird er auch wahrgenommen: als ganzer Mensch, mit Ecken, Kanten und vielfältigen Begabungen. Seine Kombination aus Beruf und Berufung ist tief in seinem Personal Branding verankert. Seine Marke ist so spannend, dass genau die Medien, die den DJ-CEO infrage stellen, weiterhin begeistert die Geschichte vom Techno auflegenden Bankenchef aufgreifen. So erfahren auch Zielgruppen davon, die den CEO und DJ David Solomon bisher vielleicht noch nicht auf dem Schirm hatten.

Take-away: Sie können im Social-Media-Universum ohne Weiteres zwei Leben führen. Mit LinkedIn, TikTok, Twitter, Threads, Instagram, YouTube & Co. stehen Ihnen viele großartige Kanäle zur Verfügung. Und wenn es Ihr Branding stärkt, dann eben für jede Ihrer Rollen ein anderer.

14
POLISH YOUR PODCASTING SKILLS
#GanzOhr

»Ein CEO-Interview kann man eigentlich gar nicht vermasseln«, sagt der Redakteur und Interviewer Florian Burkhardt in einem Podcast über CEOs. Und erklärt auch gleich, woran das liegt: »Weil immer eine gute Antwort kommt, auch auf eine blöde Frage.«[120] Die Einschätzung ist kein leeres Kompliment: CEOs und C-Suite-Executives sind es gewohnt zu sprechen und sich und ihre Themen glaubwürdig zu verkaufen. Sie zeigen sich bestens über Zukunftstrends, technologische Neuerungen und gesellschaftliche Entwicklungen informiert und haben ihre Talking Points drauf. Und natürlich ist ihnen bewusst: Die CEO-Reputation beeinflusst signifikant die Unternehmensreputation und damit den finanziellen Unternehmenswert.

Entsprechend gezielt setzen Unternehmenschefs wie Ola Källenius von Mercedes oder Stefan Oschmann von Merck Podcast-Auftritte für ihr Branding ein. Ob als Heimspiel im Corporate Podcast ihrer Unternehmen oder als gern gesehener Gast in renommierten Wirtschaftspodcasts machen sie in kurzen Abständen mit ihren Themen von sich reden. Betrachtet man allerdings die ganze Breite der 90 DAX- und MDAX-Unternehmen, gibt es durchaus noch Luft nach oben. Das geht aus einem Whitepaper von Cision hervor, einem der führenden globalen Media-Intelligence-Unternehmen.[121] Die Mehrheit der infrage kommenden Podcasts sei nur einmal im Untersuchungszeitraum von einem CEO besucht worden – »das ist eher wenig«.[122] Selbst die unternehmenseigenen Podcasts werden von vielen überraschend selten genutzt. Liegt die Zurückhaltung daran, dass auch ansonsten sozial aktive CEOs und CxOs nur Menschen sind? Und intensive Interviews als eher riskant einschätzen? Denn so viel ist klar: Bei einem Podcast ist es weder mit ein paar gut vorbereiteten Sound Bites noch mit ein wenig Plaudern getan.

Podcast boomt

Sie heißen »Meet the CEO«, »The Great CEO Podcast« oder »The CEO Next Door«, und schon die Namen lassen ahnen: In den USA sind CEOs oft und regelmäßig in Podcasts zu Gast. Die aktivsten unter ihnen, zum Beispiel Ford-CEO Jim Farley, haben sogar einen eigenen Podcast gestartet und nutzen ihren Zugang zu interessanten Menschen, um sich auf ihrer eigenen Plattform mit Branchenexpert:innen, aber auch Prominenten auszutauschen, vom Founder bis zur Sportlerin. »Es erschien mir als die beste Plattform, ein komplettes Gespräch einzufangen«, begründet der Chef des sechstgrößten Autoherstellers seinen Entschluss, gleich eine ganze Staffel des Podcasts »DRIVE with Jim Farley« einzuspielen. »Manchmal braucht es ein solides Zeitfenster, um mit jemandem in die Tiefe zu schürfen.«[123]

Ob Podcast-Gast, Podcast-Host oder einfach nur Podcast-Nutzer: Den Reiz des einzigen Mediums, das keinen Bildschirm braucht, sehen gerade viele. In der Corona-Pandemie hat sich das gesprächige Miteinander ein Stück weit ins Virtuelle verlagert. Seither steigt die Lust, anderen beim Reden zuzuhören. Und sie wächst weiter: Bis 2026 werden Social-Audio-Formate das am stärksten wachsende Medienangebot nach Nutzungszahlen sein. Das prognostiziert der »Activate Tech & Media Outlook 2023«. Als Hauptnutzungsmotiv nennen drei Viertel der Podcasthörer:innen den Wunsch, ihren Horizont zu erweitern, zu lernen und sich über das aktuelle Zeitgeschehen zu informieren. Unterhaltung und Entspannung spielen im Vergleich dazu eine nachgeordnete Rolle. Auf das bei Weitem größte Interesse stoßen Podcasts bei jungen, gut gebildeten Zielgruppen mit hohem Einkommen.[124]

Plattform mit Format: der »Lex Fridman Podcast«

Mitgliedern der Unternehmensspitze bietet das Boom-Medium Podcast ein ideales Umfeld, sich als visionäre, hochinnovative Leaderinnen und Leader zu positionieren. Erst recht, wenn sie als Gast oder Host bei einem Podcast von sich hören machen, der millionenfach aufgerufen wird und als intelligente Wissensquelle für Technologie- und Wirtschaftsthemen gilt. Zu dieser Crème de la Crème der professionell gemachten Podcasts zählt der »Lex Fridman Podcast«. Der amerikanische Informatik-Wissenschaftler mit den ukrainisch-jüdischen Wurzeln, der sich typischerweise im dunklen Anzug mit Krawatte zeigt, denkt mit hochkarätigen Gästen über ein breites Themenspektrum von Technologie bis Philosophie nach:

- OpenAI-CEO Sam Altman räumt bei ihm ein, dass die Furcht vor künstlicher Intelligenz berechtigt ist.
- Mit der früheren IBM-Chefin Ginni Rometty tauscht er sich über Work-Life-Balance aus und wie man ein gutes Team zusammenstellt.

- Mit Qualcomm-CEO Cristiano Amon diskutiert er über 5 G, den Chip-Mangel und autonomes Fahren.
- Pfizer-Chef Albert Bourla stellt er Fragen über die Herstellung von Impfstoffen, klinische Studien und den nicht unumstrittenen Ruf des zweitgrößten Pharmaunternehmens weltweit.

Die Zweiergespräche mit Fridman dauern im Schnitt zwei bis vier Stunden. In dieser Zeit kann viel passieren. Denn bei aller Höflichkeit gräbt Fridman tief und breit und scheut vor harten Fragen nicht zurück. »This would not be a conversation with a CEO if I did not ask questions that make you nervous ...«, sagt er zu Cristiano Amon.[125] Wer klug ist, stellt sich darauf ein und erscheint gut präpariert. Lex Fridman bleibt stets fair und empathisch, es gibt bei ihm aber keine Hofberichterstattung.

Beim Publikum kommt das Format an. Seit Januar 2023 steht der »Lex Fridman Podcast« auf Platz eins in der Kategorie der Technologie-Podcasts und unter den Top-100 aller US-Podcasts auf Apple Music. Jede Episode wird im Schnitt von 1,2 bis 2,2 Millionen Menschen gehört. Zum Vergleich: Eine Ausgabe des Handelsblatts hat rund 530.000 Leser:innen.[126] Zusätzlich zeichnet Fridman seine Podcasts auch als Videos auf, die er mit Untertiteln versieht, sodass seine Gäste sowohl zu hören als auch zu sehen und zu lesen sind. »Nearly perfect!«, schreibt ein Kommentator. »Terrific podcast, broad variety of topics, excellent guests.«[127]

Ganz Ohr

Bei Lex Fridman eingeladen zu sein sehen sogar Hochkaräter als Ehre und Statussymbol. Längst nicht jede Podcast-Plattform kann mit der inhaltlichen Intensität, Reichweite und einzigartigen Gästequalität des »Lex Fridman Podcast« auch nur annähernd mithalten. Doch auch bei uns gibt es anspruchsvolle, professionelle Formate, in denen man sich als CEO gut aufgehoben weiß. Zu ihnen gehören das »Handelsblatt Morning Briefing«, der von deutschen CEOs mit Abstand am meisten besuchte Podcast, der »OMR Podcast« mit Philipp Westermeyer sowie die Business-Podcasts des manager magazins, der FAZ und der Wirtschaftswoche.

Genau wie der »Lex Fridman Podcast« bieten auch die deutschen Formate CEOs ausgiebig Gelegenheit, nicht nur inhaltlich zu glänzen, sondern auch als Persönlichkeit in Erscheinung zu treten. Im »OMR Podcast« beispielsweise verrät Stepstone-Chef Sebastian Dettmers, wieso er anfangs als »blöder Schlauberger« zum Unternehmen gekommen ist, warum Deutschland ein Teilzeitproblem hat und warum er zwischendurch auswandern wollte. Genau solche Abschweifungen ins Persönliche sind für Zuhörerinnen und Zuhörer das Schöne an Podcasts: Sie kommen sonst meist eher unnahbaren CEOs dort näher als irgendwo sonst.

> **Kein geschriebener Text, kein Videoschnipsel**
> **zeigt mehr von einem Menschen**
> **als ein ungeskripteter Interview-Podcast.**

Allein schon die Dauer der meisten Podcasts ist einzigartig: Einzelne Episoden des »OMR-Podcast« können sich schon mal an die zwei Stunden hinziehen. Im Schnitt sind Shows aus dem Business-Bereich um die 30 Minuten lang.[128] So lange finden selbst CEOs und Topentscheider:innen sonst nur als Keynote Speaker Gehör. Es ist zwar richtig: Knapp die Hälfte der Zuhörer:innen hört einzelne Podcast-Folgen nur bis zur Hälfte und 22 Prozent sogar nur einen kleinen Teil. Doch bei Texten und Videos springen Nutzer viel früher ab.

»Podcasts haben eine höhere Verweildauer als andere Medien«, beobachtet Max Franke, Geschäftsführer von

Axel Springer Audio. »Die Leute wollen nur noch kurze, knackige Inhalte wie 30-Sekunden-Videos. Im Audio-Segment sehen wir etwas anderes. Dort lassen sich Menschen auf das Produkt ein, räumen in ihrer Alltagsroutine regelmäßig 30 Minuten ihrer Zeit frei, in denen sie sich intensiv mit einem Thema beschäftigen.«[129] Der Grund liegt auf der Hand: Podcasts können überall und jederzeit gehört werden. Sie bringen uns Wissen und Unterhaltung ins Ohr, während wir gleichzeitig etwas anderes tun: joggen, Dokumente sichten, Auto fahren. Selbst wenn ein Pocdast mal kurz langweilt, wer alle Hände voll zu tun, klickt selten gleich weg.

Mehr Aufmerksamkeit, Visibilität und Engagement

CEOs können über Podcasts ihre Zielgruppen direkt erreichen, und zwar in einer Stimmung, in der sie besonders aufnahmefähig sind. Neurowissenschaftler:innen haben herausgefunden: Hören wir Botschaften, während wir gerade etwas anderes tun, nehmen wir sie besonders bereitwillig auf. Vermutlich liegt das daran, dass wir uns auf der Jogging-Runde oder beim Einräumen der Spülmaschine weniger kritisch mit Informationen auseinandersetzen. Botschaften rutschen deshalb leichter durch. Zudem erleben wir die geringere kognitive Belastung als angenehm. Dieses gute Gefühl kommt den Dialogpartner:innen im Podcast zugute: Weil sie uns gefühlt nicht anstrengen, finden wir sie sympathisch.[130]

Auch die Breitenwirkung, die Sie als Gast in einem Podcast erzielen, kann sich sehen lassen. Denn die Reichweite eines beliebten Podcasts ist ja erst der Anfang. Hinzu kommen die Podcast-Aufrufe, die über Ihren persönlichen LinkedIn-, Twitter- oder YouTube-Account erfolgen. Mit großer Wahrscheinlichkeit sorgt Ihr Podcast-Auftritt dort für mehr Aufmerksamkeit als ein Textbeitrag und sticht positiv aus dem vollen LinkedIn-Feed von Nutzer:innen heraus. Die Erhöhung der eigenen Reichweite ist aber nur eine Motivation. Steht die fachliche Positionierung oder Neupositionierung an, spielt sie nur eine untergeordnete Rolle. Die Wahl eines thematisch spezialisierten Podcasts kann in diesem Fall wichtiger für das Wahrgenommenwerden sein. Schließlich und endlich bietet ein Social-Audio-Format gute Möglichkeiten der Zweitverwertung: Sie können daraus Videos, Blogartikel, Zitate und mittels intelligenter Speech-to-Text-Technologie Transkripte zum Nachlesen ableiten. Die Podcasterin Melissa Guller, die den Podcast »Wit & Wire« hostet, bringt es auf den Punkt: »That content is evergreen.«[131]

Wie Sie als Podcast-Gast glänzen

Der Reiz eines Podcast-Auftritts ist unbestreitbar. Trotzdem will nicht jeder CEO selbst ans Mikro. Oder sein Umfeld reagiert nervös, wohl wissend: Dialogisch orientierte Podcasts entwickeln ein Eigenleben. Man kann sich im Vorfeld abstimmen, aber niemals alles absprechen. »Ein Interview wird gut, wenn zwei Leute in eine Gesprächssituation kommen«, sagt Florian Burkhardt. Das heißt: Dass ein CEO in einem Podcast-Interview groß herauskommt, lässt sich zwar steuern. Natürlich kann man sich vorher vorbereiten und hinterher ein paar Dinge glätten. Neuformulierungen im Rahmen der Autorisierung sind aber ungleich schwieriger zu bewerkstelligen als bei einem Interview in einem angesehenen Printmedium.

In einem Podcast zu Gast zu sein, muss man also mögen.

Am besten lassen Sie sich von der Faustregel leiten: Das beste Format für Sie ist immer dasjenige, bei dem Sie mühelos als Leader oder Leaderin brillieren. Das setzt voraus, dass Sie sich damit wohl und sicher fühlen. Podcast-

Interviews sind nur eine Möglichkeit von vielen, mit Stakeholdern in Verbindung zu treten. Wenn Sie sich aber dafür entscheiden, dann bitte ohne Wenn und Aber. Das heißt: Gehen Sie die Sache professionell an.

Was das bedeutet, beschreibt Podcast-Host Lex Fridman. Ein großartiger Gast ist für ihn jemand, der sich als gewandter Gesprächspartner zeigt. »Dazu gehört alles vom Vermeiden zu vieler ›Ähms‹ über leidenschaftliche Diskussionsfreudigkeit bis hin zu der Fähigkeit, (1) sich herrlich aufzuregen wie Joscha Bach oder (2) witzig und brillant die Bälle hin- und herzuspielen wie Eric Weinstein oder (3) sich tief in philosophischen Fragen zu verlieren wie Sheldon Solomon oder (4) ein brillanter Erklärer schwieriger Konzepte wie Sean Carroll zu sein oder (5) jemand, der sein Handwerk wirklich versteht wie Elon Musk oder David Fravor oder Jim Keller.«

Sonst noch was? Doch, ja. Die Chemie mit Lex müsse stimmen. Zudem sollten Gäste idealerweise ein gewisses Flair mitbringen, eine Besonderheit, wie sie aus einer einzigartigen Lebensgeschichte, politischen Haltung, Weltsicht oder kontroversen Überzeugung erwächst.[132]

Fridman erwartet etwas von seinen Gästen. Ich finde das ungemein spannend. Ich verstehe aber völlig, wenn Ihnen seine Anforderungen zu viel sind. Schon zeitlich betrachtet gibt es entspanntere Möglichkeiten als das Interview in einem bekannten Podcast. Unternehmenseigene Podcasts zum Beispiel sind für CxOs zugleich Heimspiel und Pflichtprogramm. Eine Alternative ist der Auftritt in einem Podcast, der mehr als Feature angelegt ist. Anstelle eines Interviews, das am Stück gesendet wird, führen Sie ein längeres Gespräch. »Aus diesem Gespräch werden dann«, so empfiehlt es Florian Burkhardt, »nur die besten drei, vier Stellen für den Podcast verwendet, eingebettet in eine Moderation, die von einem Profi eingesprochen wird. So kann mit – fast – allen Personen eine schöne Episode entstehen.«[133]

Die Königsdisziplin ist und bleibt trotzdem der Podcast-Klassiker: das Interview. Der Gast oder die Gästin kommen dabei ausführlich mit ihren Themen, Erfahrungen und Perspektiven zu Wort. Vielleicht hat sich deshalb auch Christiane Arp nach reiflicher Überlegung zum Bremen-Zwei-Podast überreden lassen. Arp prägte 17 Jahre lang als Chefredakteurin die deutschen VOGUE und galt als die wohl mächtigste Frau der deutschen Modebranche. Im Podcast-Interview »War's das?« mit Maren Kroymann gibt sie gleich eingangs zu, was man ihrer Stimme auch anzuhören glaubt: Bei aller Freude, hier zu sein, sitze sie jetzt ein bisschen aufgeregt auf dem Sofa ...[134]

15
USE YOUR VOICE TO CHANGE THIS WORLD
#PositionBeziehen

Tennisfans kennen Alexis Ohanian als den Mann der Tennislegende Serena Williams. Tatsächlich zählt der Mann, der seine Frau von der Tribüne aus anfeuert, selbst zu den Großen: In der IT- und Business-Welt schätzt man ihn als einen der profiliertesten Tech-Entrepreneure der USA. Bereits im College gründete er mit zwei Freunden die zukunftsweisende Social-Media-Plattform Reddit, von der noch in einem eigenen Kapitel die Rede sein wird. Zwölf Monate später verkauften die drei Gründer Reddit und dessen niedliches Alien-Logo an den Verlagsriesen Condé Nast Publications – für 20 Millionen Dollar, einen Kaufpreis, der den jungen Gründern damals als sensationell erschien.[135]

Über ein Jahrzehnt lang blieb Ohanian Reddit als Vorstand verbunden. Zeitgleich startete er den Investmentfonds Initialized Capital, investierte in Kryptowährungen und kryptobezogene Start-ups und zog die Risikokapitalgesellschaft Seven Seven Six hoch. Das Unternehmen, das wie ein Technologieunternehmen aufgebaut ist, unterstützt Gründer, die mit technischen Innovationen die Welt verändern. Als Unternehmer, CEO, Kapitalgeber und Bestsellerautor hat Ohanian ein Vermögen von geschätzt 70 Millionen Dollar verdient. Seine eigentliche Berufung findet er jedoch anderswo: Er will Menschen und Dinge bewegen, und zwar weit über seine Unternehmen hinaus.

Jenseits der Logik des Geldverdienens

Längst beschränkt sich Ohanian nicht mehr auf seine Rolle als Wirtschafts- und Internetvisionär. Vor allem sieht er sich als Zukunftsgestalter: »I want to be known for making this world better – much better.« Es sieht alles danach aus, als sei Ohanian auf dem besten Weg, sein Herzensanliegen zu verwirklichen. Kaum ein Tech-Unternehmer nimmt die Lösung ökologischer und sozialer Fragen so ernst wie er. Kaum ein anderer verfügt in vergleichbarer Weise über die Mittel, um etwas zu bewirken. Denn in Ohanians Personal Brand fügt sich vieles zusammen: der bekannte Name, der Blick für Tech-Trends, die finanziellen Ressourcen, die hochrangigen Verbindungen und last, but not least der Vorteil einer riesigen Online-Community. Auf LinkedIn erreicht er über 300.000 Follower:innen, auf Twitter folgen ihm mehr als eine halbe Million Menschen, auf Instagram spricht er 793.000 Follower:innen an.

Mit seiner persönlichen Einzigartigkeit hat sich Alexis Ohanian als eine Kraft etabliert, mit der zu rechnen ist. Seine Anliegen treffen den Nerv der Zeit, genau wie die Ernsthaftigkeit, mit der Ohanian sie verfolgt. Denn reine Gewinnmaximierung ist von gestern. Die Öffentlichkeit, allen voran die jüngeren Generationen, erwartet von CEOs, dass sie über ihre Aufgaben als Unternehmenslenker hinaus Verantwortung für die Herausforderungen unserer Zeit übernehmen. Laut Edelman Trust Barometer 2022 wünschen sich fast 70 Prozent der Befragten, dass sich CEOs in sozialwirtschaftliche und gesellschaftspolitische Fragen einmischen.

Was das hohe gesellschaftliche Vertrauen in CEOs und C-Level-Entscheider:innen konkret bedeutet, lebt Ohanian beispielhaft vor. Für ihn steht völlig außer Frage: Mehr denn je sind Spitzenpersönlichkeiten als Thought Leader gefordert. Wollen sie das in sie gesetzte Vertrauen rechtfertigen, beziehen sie Haltung, setzen Impulse und treiben Innovationen zum Wohl aller voran. Und zwar nicht nur in Form von Posts!

Dem kulturellen Erbe verpflichtet

Seine Wirkkraft war Ohanian nicht in die Wiege gelegt. Doch das Gefühl von Verantwortung und Verpflichtung wurde schon als Kind in ihm geweckt. Der Sohn einer deutschen Mutter und eines armenischstämmigen Vaters kam 1983 im New Yorker Stadtteil Brooklyn zur Welt, einer beliebten Wohngegend junger Familien. Anders als auf den Nachbarskindern ruhte auf Alexis allerdings ein schweres kulturelles Erbe. Bis heute erinnert Ohanian sich an seinen sechsten Geburtstag. An diesem Tag nahm ihn seine Großtante Vera beiseite. Zum ersten Mal hörte Alexis, wie seine Vorfahren im armenischen Genozid verfolgt, enteignet und ermordet worden waren. Einzig und allein sein Urgroßvater Avedis, der damals ein kleiner Junge war, entging dem Massenmord. Er kam in ein Waisenhaus in Istanbul und flüchtete von dort aus nach Ellis Island, dem ersten Stopp auf amerikanischem Boden.

Dass Alexis in den USA aufwachsen konnte, gab ihm seine Großtante als Verpflichtung mit auf den Weg: »Du musst das meiste aus dieser Chance machen.« Dieser Auftrag ist in Alexis Ohanian, wie er es formuliert, fest verdrahtet. Armenisch zu sein bedeutet für ihn den Sieg des Guten über das Böse: »Jeder von uns, der Erfolg hat, ist ein Triumph über den Genozid – es ist nicht gelungen, uns auszulöschen, es ist nicht gelungen, uns zum Schweigen zu bringen, und wir werden weiter weltweit Zeichen setzen. Das macht mich sehr stolz.«[136]

Seine armenischen Wurzeln haben Alexis Ohanian zu dem gemacht, was er heute jenseits seiner unternehmerischen Erfolge ist: ein einflussreicher und sehr pragmatischer Verfechter von Freiheit, Nachhaltigkeit und Gerechtigkeit für alle auf der Welt. Mit seinem Wissen, seinen Ressourcen und seinen Verbindungen möchte er so vielen Menschen helfen wie möglich. Die Themen, für die er sich einsetzt, sind genau die, für die auch die Gen Z brennt: Nachhaltigkeit, Vereinbarkeit, Diversity, Purpose. Hinzu kommt ein leidenschaftliches Engagement für Blockchain-basierte Kryptowährungen. Als nicht pfändbare Vermögenswerte sieht Ohanian virtuelle Währungen als gute Geldanlage für verfolgte Menschen an, weil sie nicht von einem einzelnen Staat kontrolliert werden können.

#BusinessDad: für die Vereinbarkeit von Familie, Beruf und Privatleben

Mit seiner Risikokapitalgesellschaft Seven Seven Six verwaltet Ohanian ein Vermögen von über 750 Millionen Dollar.[137] Doch bei aller Vielfalt seiner Aufgaben und Anliegen ist er zuallererst Familienmensch. Es gehört zu seinem Selbstverständnis, twittert er, das beste Groupie für seine Frau und seine Tochter zu sein, und bald auch für das zweite Kind, das er mit Serena Williams erwartet. Auch auf LinkedIn macht er keinen Hehl daraus, dass er sich in der aktuellen Phase seines Lebens im »Familienmodus« befindet: »Es ist ein Klischee, aber das Leben änderte sich, als ich Ehemann + Papa wurde«, teilt er seinen Follower:innen mit. »Es hat mich als Mann und Geschäftsmann 100x besser gemacht.«

Das Erleben, wie eine eigene Familie das Leben und die Prioritäten neu sortiert, hat Ohanian tiefgreifend geprägt. In dem Gefühl, dass es anderen Männern ähnlich wie ihm ergeht, gründete er den Podcast »Business Dad«. Dort spricht er mit Entscheidern aus Wirtschaft, Sport und Medien, was es heute bedeutet, Vater zu sein und Karriere und Familie zu vereinbaren. Denn beruflicher Erfolg hin, Spitzenposition her, alle Männer, die Kinder haben, eint die Erfahrung: »we want to be the best at work and the best for our families — we all struggle with it, but the path to excellence is a journey we take our entire lives.«[138] An diesem Punkt zeigt sich eine der Stärken, die mich bei Ohanian am meisten beeindrucken:

Er lebt seine Werte nachvollziehbar und denkt über seine persönliche Lebenswirklichkeit hinaus.

Für ihre Kinder da zu sein, so seine These, darf nicht das Privileg von Promivätern und Spitzenverdienern sein. Auch normalen Familien gebührt ein Anspruch darauf. Mit Melinda French Gates setzt er sich deshalb vor dem amerikanischen Kongress für vier Wochen bezahlte Elternzeit ein, auch und gerade für Männer – weil eine gesunde Balance zwischen Familienleben und Arbeit gut für Familien, gut für die Wirtschaft und gut für die Gesellschaft ist.

Entsprechend ist es für den Tech-Unternehmer, der millionenschwere Investments tätigt, völlig selbstverständlich, dass er sich auf Instagram dabei zusehen lässt, wie er für seine Tochter kunstvoll geformte Pfannkuchen backt. Ins Private hat Ohanian sich trotzdem nicht zurückgezogen. Im Gegenteil: Die Vaterschaft bestimmt und beflügelt sein Handeln in allem, was er beruflich und gesellschaftlich tut. »Die Elternschaft verlangt dir ab, für die Zukunft zu planen und Entscheidungen zu treffen, die deinen Kindern langfristig zugutekommen«, postet er auf LinkedIn. »Auf ähnliche Weise denken Leader auch im Business strategisch und treffen Entscheidungen, die zum langfristigen Wachstum des Unternehmens beitragen.«

776 Foundation: für eine nachhaltige Umwelt

Langfristig denkt Ohanian auch bei dem Projekt, das ihm am meisten auf den Nägeln brennt: dem Klimawandel, den er als die größte existenzielle Bedrohung der Menschheit sieht. Um gegenzusteuern, hat Ohanian die 776 Foundation gegründet. Im Sinne einer besseren Zukunft befähigt die Stiftung junge Menschen, innovative Ideen zur Rettung des Klimas zu entwickeln. Um für die Förderung infrage zu kommen, müssen interessierte Stipendiatinnen und Stipendiaten keine fertigen Lösungen vorweisen. Am liebsten finanziert Ohanian Ideen, die erst im Forschungsstadium stecken.

Als Reddit-Mitgründer kennt er wie kein Zweiter die Macht von Online-Communitys, mit vergleichsweise kleinen Impulsen Großes in Gang zu setzen. Diesen Gedanken hat er eins zu eins auf die 776 Foundation übertragen. Die von ihm ausgelobten Fördergelder sollen etwas ins Rollen bringen, das die Klimakrise eindämmt und Ohanian, das wünscht er sich, den Respekt seiner Tochter einträgt: »Ich sage diesen Leuten, ›Wenn nur eine oder einer von euch etwas Fantastisches zuwege bringt, werde ich damit für den Rest meines Lebens vor meiner Tochter angeben‹, so nach dem Motto: ›Weißt du noch, wie Papa derjenige war, der an diese Sache glaubte, die unseren Planeten gerettet hat.‹«[139]

Für die Zukunft der Menschheit bringt Ohanian viel Geld auf. 776 Stipendiaten sollen im Rahmen des 776-Fellowship-Programms jeweils 100.000 Dollar an Unterstützung und Fördergeldern erhalten.[140] In einem Instagram-Post lädt Ohanian 2023 die Bewerberinnen und Bewerber persönlich für die zweite Runde ein: »Applications for our 2nd cohort of the Climate Fellowship are open! If you're between 18–23 and ready to dedicate the next two years to build on the forefront of climate innovation, join us on this critical mission at @776foundation(776.ORG) We're for-

ever grateful for this 1st cohort who took a chance on us &
can't wait to see what this 2nd cohort builds.«[141]

Platz frei: für Diversity in Aufsichtsräten

Und dann ist da noch die Sache mit dem Vorstandspos-
ten. Sie kennen es selbst: In der Regel konzentrieren CEO-
Brands ihr gesellschaftliches und ökologisches Engagement auf Geld und werteorientierte Stellungnahmen.
Beides bewirkt viel, lässt aber noch Luft nach oben. Deshalb empfinde ich höchsten Respekt für Ohanians Entscheidung, die Diversität im Reddit-Verwaltungsrat zu fördern, indem er sich zu einem ganz und gar ungewöhnlichen
Schritt entschloss: Er beließ es nicht bei Forderungen, er
handelte, und wieder war es der Gedanke an seine Tochter
Olympia, der ihn dazu bewog: »Ich sage das als ein Vater,
der in der Lage sein muss, seiner schwarzen Tochter zu antworten, wenn sie fragt: ›Was hast Du getan?‹.«[142]
Was war geschehen? In den Fortune-100-Unterneh-
men waren 2020 nur 16 Prozent der C-Level-Positionen
von nichtweißen Managern und Managerinnen besetzt. Im
fünfköpfigen Reddit-Vorstand, dem Ohanian angehörte,
fand sich nicht einmal ein einziges nichtweißes Mitglied.
Unter dem Eindruck der Tötung des unbewaffneten Afro-
amerikaners George Floyd bei einem Polizeieinsatz traf
Ohanian 2020 deshalb die Entscheidung, aus dem Verwaltungsrat zurückzutreten. Mit seinem Rückzug wollte er den
Platz für einen ersten schwarzen Kandidaten frei machen.
Reddit erfüllte Ohanians Wunsch. Der Tech-Mogul Michael
Seibel wurde in den Vorstand berufen. Er ist der erste
Schwarze im Reddit-Board.
Der Verzicht kostete Ohanian Überwindung. »Das war
alles andere als eine leichte Entscheidung«, bekannte er
nach seinem Rücktritt. »Ich habe darüber nachgedacht,
was ich über einen Social Media Post, über eine Spende
hinaus tun könnte. Wir brauchen heute Diversität auf der

obersten Führungsebene mehr denn je. Als ich begriff, was ich zu tun hatte, war der Fall für mich klar.«[143]

Es kommt nicht alle Tage vor, dass jemand eine hochkarätige Position aufgibt, schon gar nicht, um mehr Vielfalt zu ermöglichen. Man mag einwenden, ein solcher Schritt falle leichter, wenn man wie Ohanian nicht darauf angewiesen sei, ob man in einem wichtigen Gremium mehr oder weniger sitzt. Beeindruckend finde ich Ohanians Entscheidung trotzdem. Unwillkürlich führt sie uns alle zu der Frage: Was würden wir persönlich für eine gerechtere Gesellschaft opfern?

Make the world a better place

Von Richard Branson, dem Gründer des Konzernriesen Virgin Group, stammt der Satz: »If you can change people's mind you have a business.« Ich kenne niemanden, auf den diese Beschreibung so sehr zutrifft wie auf Alexis Ohanian. Für mich ist er ein leuchtendes Vorbild, wie mutige CEO-Brands Orientierung geben und im großen Stil und auf vielen Ebenen eine bessere Welt für uns alle gestalten können. Unabhängig davon, welche Themen Ihnen am Herzen liegen, die folgenden sechs Stärken helfen Ihnen dabei, als Thought Leader Ihre Werte zu verfolgen und andere zu inspirieren.

Innerer Antrieb. Ohanian setzte sich bereits für eine gerechtere Welt, Menschlichkeit, Transparenz, Ideenvielfalt, Vernetzung und offene Kommunikation ein, als er im College Reddit gründete. Seine Werte sind echt und tiefempfunden und runden nicht nur seine CEO-Marke strategisch ab.

Klare Botschaft. Ohanian vertritt eine konsistente Botschaft: »Make the world a better place.« Mit diesem übergreifenden Mantra kann er sich glaubhaft für viele unterschiedliche Themen einsetzen, die unsere Welt zu einem besseren Ort machen: vom Tierwohl bis zum Klimaschutz, von der Förderung junger, vielversprechender Talente bis zur mentalen Gesundheit.

Generationale Verantwortung. Seit der Geburt seiner Tochter Olympia ist Ohanians Geschichte noch einmal um eine Ebene reicher. Was immer er tut, er tut es, damit seine Kinder stolz auf ihn sein können. Fast bei jedem Post und in nahezu jedem Interview bringt er diesen Aspekt zur Sprache: Wir überlegen und handeln für die nächste Generation.

Gelebte Werte. Ohanian reflektiert alles. Auch sich selbst. Nicht einmal soziale Medien konsumiert der Reddit-Gründer gedankenlos. Als er seine 776 Foundation aufbaute, verabschiedete er sich zwei Jahre von allen Kanälen, um sich mit voller Kraft auf das Wesentliche zu konzentrieren. Weil er Worten Taten folgen lässt, klingen Botschaften wie »It takes discipline not to let social media steal your time« aus seinem Mund besonders glaubwürdig.

Langer Atem. Ohanian ist niemand, der nur schnell einen Spendenscheck unterschreibt oder sich bei einer Charity-Gala blicken lässt. Was er anpackt, soll Bestand haben und auf lange Sicht der Menschheit dienen. In welchen Zeiträumen er denkt, zeigt eine Äußerung über den Klimawandel. Würden dafür keine Lösungen gefunden, so Ohanian, »würde in hundert Jahren kein anderes Thema von Bedeutung sein«[144].

Große Reichweite. Und ja, Reichweite und Sichtbarkeit sind wichtig. Wie viel Sie in Bewegung setzen, hängt längst nicht nur von Ihrem Können und Wollen ab. Je mehr Menschen Sie online und offline mit Ihrer Brand erreichen, desto mehr Wirkkraft können Sie entfalten. Erst recht, wenn Sie nicht nur im Kerngeschäft erfolgreich sein möchten. Sondern wie Ohanian die Welt zum Besseren verändern wollen.

16
BE CONSISTENT AND INTENTIONAL
#FestVerankert

In manchen Dingen sind wir Menschen simpel gestrickt: Je öfter wir etwas hören, desto leichter glauben wir daran. Je regelmäßiger uns Menschen begegnen, umso stärker fühlen wir uns ihnen verbunden. Und je öfter wir ein Produkt zu Gesicht zu bekommen, desto stärker ziehen wir es in Betracht. Warum bloß ist unser Gehirn so wild auf Konsistenz, Kohärenz und Kontinuität? Die Antwort darauf liefert der Professor für Verhaltensphysiologie Gerhard Roth: »Denken ist aufwendig! Routinen helfen dem Gehirn, Energie zu sparen und Risiken zu minimieren. Das ist neurobiologisch sinnvoll, ja überlebenswichtig.«[145]

Zwar geht uns Allgegenwärtigkeit gelegentlich auch auf die Nerven. Es kann schon mal passieren, dass wir etwas nicht mehr hören oder jemanden nicht mehr sehen können. Doch im Prinzip gilt die Regel: Menschen mögen, was sie kennen. Und wen. Die erfolgreichsten Stimmen in den sozialen Medien gründen ihr CxO-Branding deshalb auf Konsistenz. Psychologinnen und Psychologen verstehen darunter ein weitgehend widerspruchsfreies individuelles Verhalten, zeitlich und über Situationen hinweg. Das mag langweilig klingen. Doch Beständigkeit zeigt Wirkung. Oder wie es in einem Artikel des Entrepreneur heißt: »Consistency is King, Queen and all the Aces in the Game of Branding.«[146] Wenn Sie das Wesen Ihrer Marke bisher nicht klar genug kommunizieren, könnte Konsistenz Ihr Gamechanger sein.

Alles von A bis Z? Lieber nicht!

Bill Gates empfiehlt alle Jahre wieder im November eine Leseliste für die Feiertage. BOSS-CEO Daniel Grieder spricht in fast jedem Interview über die intelligente Vernetzung und Auswertung von Daten und was er sich in dieser Sache von der Formel 1 abgeschaut hat. Der sensationell erfolgreiche TikTok-Star Daniel Mac verdankt seine Bekanntheit und sein Vermögen nicht dem Harvard-Studium, das er auch besitzt. Sondern einem Videokonzept, das darauf gründet, Besitzer von Luxussportwagen nach ihrem Beruf zu fragen.

Allenthalben erweist sich Konsistenz als Erfolgsrezept. Wir wollen es nur nicht wahrhaben. Wenn Menschen immer das Gleiche tun und sagen, beurteilen wir das gern als Masche. Wobei ich mich frage: Warum eigentlich? Als frühere Werberin habe ich die älteste aller Werberegeln verinnerlicht: Astonish me! Aber erst Wiederholung macht eine gute Kampagne erfolgreich. Das gilt für Personenmarken genauso wie für Produktmarken. Allerdings rennt man mit dem Vorschlag, sich maximal konsistent zu positionieren, selten offene Türen ein. Der Grund: Im 21. Jahrhundert sehen wir uns bevorzugt als Allrounder mit einer Meinung zu jedem Thema und dem Big Picture im Blick. Die meisten halten sich gern möglichst viele Optionen offen, Jüngere noch mehr als Ältere. Wir möchten vieles ausprobieren, und Offenheit und Flexibilität stehen hoch im Kurs. Uns auf ein oder zwei Themen zu beschränken, erscheint uns deshalb schnell als eindimensional. Ich gebe zu, mir geht es genauso. Sich auf den eigenen Wesenskern zu konzentrieren, fällt schwer, wenn man eigentlich noch viel mehr zu bieten hätte. Das Problem ist nur: Wahrnehmung funktioniert so nicht.

Wer sich zu allem äußert, ist am Ende für nichts bekannt.

Stellen Sie sich vor, Ritter-Sport-Schokolade läge in allen möglichen Formen im Regal, oder Steven Spielberg würde aus heiterem Himmel Arthouse-Filme drehen statt Effektkino. Plötzlich wäre Ritter Sport nicht mehr quadratisch-praktisch-gut, und Spielberg nicht mehr der Spielberg, der uns begeistert.

Genau das Gleiche passiert, wenn die Beiträge, die ein CEO in den sozialen Medien ausspielt, keine eigene Handschrift erkennen lassen, oder wenn eine C-Level-Entscheiderin heute dies, morgen das und in den nächsten drei Monaten überhaupt nichts postet. Egal, wie sehr jede Kommunikation für sich überzeugt, das Prinzip Für-jeden-etwas-dabei funktioniert als Haribo-Mischung, aber nicht beim CEO-Branding. Menschen schätzen in den sozialen Medien (und anderswo) am meisten Menschen, die konsequent für ein Thema, eine Idee, eine Haltung stehen. Was sie inspiriert, ist die klare Identität einer Personenmarke und deren hohe Relevanz für ihr eigenes Leben. Für CEOs bedeutet das: Je eindeutiger sie sich positionieren, je fokussierter sie kommunizieren, desto klarer werden sie als unverwechselbare Größe gesehen.

Thema mit Variationen

Eine, die diese Kunst beispielhaft beherrscht, ist Lunia Hara. Die junge Managerin wurde in Sambia geboren und arbeitet heute als Director im Bereich Projektmanagement in Berlin. Innerhalb von zwei Jahren hat sie sich als LinkedIn-Changemaker, LinkedIn-Top-Voice 2022, Spiegel-Kolumnistin und Expertin für Leadership und Unternehmenskultur etabliert. Ihr Thema: empathische Führung. Ihre Community: allein auf LinkedIn über 20.000 Followerinnen und Follower. Ihre Mittel: Konsequenz, Klarheit, Konsistenz.

Allein die Art, wie sie sich bekannt macht, hebt sie heraus: »Ich bin Lunia, die Tochter von Ndawa Isaac Hara und Aida Sakale Hara.« Mit diesem Satz präsentiert sie sich auf Kongressen, Messen und Meetings. Nicht einmal, sondern immer wieder. Sie erzielt damit eine Wirkung, die an die von James Bond erinnert, dessen charakteristische Selbstvorstellung weltberühmt ist, seit der Geheimagent ihrer Majestät 1963 Dr. No jagte. Genauso konsequent wie sie sich vorstellt, gestaltet Lunia Hara auch ihre Markenidentität: Sie hat ein Thema und das bespielt sie ausdauernd und auf hohem Niveau. Dahinter steht das Wissen: Bekanntheit und Vertrauen erringt nur, wer konsistent die immer gleichen Botschaften sendet. Das und nichts anderes übrigens bedeutet das Wort »Identität«. Es geht auf das lateinische »identidem« zurück, was so viel bedeutet wie »wiederholend«.

Kritiker könnten einwenden, Lunia Hara kenne nur ein Thema. So what? Lunias Community zieht einen anderen Schluss: Wer sich für empathische Führung interessiert, für den ist Lunia Hara die erste Adresse. So wie Tesla als Benchmark für die Automobilbranche gilt, ist Lunia Hara die Frontfrau für emotional intelligente Leadership. Ihre Meinungsführerschaft rührt aus ihrer tiefen inneren Überzeugung: Empathie spielt in der Arbeitswelt eine immer größere Rolle. Darüber äußert sie sich in Vorträgen, darüber spricht sie im Führungs-Podcast des Harvard Business Manager, diese Botschaft sendet sie in wöchentlich neuen Beiträgen auf ihrer LinkedIn-Seite.

Langweilig wird sie dabei nie. Dafür ist Lunia zu sehr Geschichtenerzählerin. Sie unterstreicht ihre Leadership-Theorie mit Erfahrungen aus ihrer Kindheit in Sambia und stellt zugleich wie nebenbei menschliche Nähe her. »Mit 13 Geschwistern lernst du schnell, mit unterschiedlichen Charakteren zu kommunizieren«, erfahren ihre Zuhörerinnen und Zuhörer. Oder: »Du schätzt die Expertise der anderen, weil das Leben im Dorf schwierig genug ist und jeder Rat zählt. Und du lernst, andere zu unterstützen, weil du ebenso auf sie angewiesen bist.«[147] Oder auch: »Wenn ich morgens mit dem Feuermachen trödelte, konnten alle erst später frühstücken.«

Lunia Hara liefert mit ihren Erfahrungen und ihrer Expertise variantenreichen Stoff, den man nicht alle Tage hört. Ihre konsistente Stimme stimuliert ihre Community. Vor allem mit ihren Beiträgen auf LinkedIn stößt sie regelmäßig relevante Diskussionen an. Klickt man sich durch die Kommentare unter ihren Artikeln, wird dort ihr Thema »Empathische Führung« weitergedacht, vertieft und um Praxiserfahrungen bereichert. Coaches und Trainerinnen, Managerinnen und Teamleiter tauschen sich darüber aus, wie sie der Empathie im Management mehr Raum verschaffen können. Gabriele Fanta, HR-Leiterin der Körber-Gruppe, beispielsweise bittet Lunia Hara um Hinweise, wie man bei Problemen im Team mit sich selbst im Einklang bleibt. Andere wollen von der Expertin für empathische Führung wissen, wie es sich für sie angefühlt hat, ihre erste Führungsrolle zu übernehmen und ins kalte Wasser zu springen. Ein Kommentator wirft die Frage nach dem Unterschied zwischen empathischer Führung und Wohlfühlführung auf. Im Chat äußert ein HR-Manager, es könne nicht die Aufgabe von Führungskräften sein, den Individuen in der Organisation zum Glück zu verhelfen. Ohne Übertreibung lässt sich sagen: Lunia Haras LinkedIn-Account hat sich zu einem Go-to Place für Informationen und Diskussionen über empathische Führung entwickelt.

Meinungsführerschaft: der Goldstandard der CEO-Positionierung

Fast alle CxOs hätten gern eine Community wie Lunia Hara. Doch viele wissen nicht, wie man Menschen begeistert, Gespräche entfacht und sich zum Meinungsführer in einem Beziehungsgeflecht von Gleichgesinnten macht. Vier Faktoren bestimmen den Erfolg und bei allen spielt Konsistenz die entscheidende Rolle:

Erstens: Finden Sie ein Thema, das Sie antreibt und interessiert und zugleich viele andere betrifft und berührt. Idealerweise ist das Thema eher eng als weit gefasst. Über Management, Tech oder Diversity äußern sich viele, mit dem pointierten Thema »Empathische Führung« konnte Lunia Hara sich zur Autorität aufbauen.

Zweitens: Posten Sie in regelmäßigen, verlässlichen Abständen zu diesem einen Thema. Lassen Sie sich dabei von dem Grundprinzip des Komponierens inspirieren, musikalische Gedanken verändert zu wiederholen. Das heißt: Perspektiven, Storys und Formate variieren – aber nur, wenn dabei der tragende Grundgedanke erkennbar bleibt.

Drittens: Liefern Sie Qualität. Immer. Ihre Community vertraut darauf, bei Ihnen konsistent die besten, frischesten Inhalte zu Ihrem Thema zu finden. Enttäuschen Sie dieses Vertrauen nicht. Keine Frage, jeder und jede von uns hat mal keine Zeit oder keine Lust. Posten Sie in solchen Situationen nicht schnell irgendetwas. Posten Sie einfach nichts.

Viertens: Posaunen Sie nicht nur Ihre eigenen Gedanken in die Welt hinaus. Zeichnen Sie sich darüber hinaus durch eine beitragende Haltung aus. Zeigen Sie sich offen für Gespräche, moderieren Sie die Diskussion. Lunia Hara zum Beispiel begibt sich nach jeder Veröffentlichung in die Rolle der Chat-Gastgeberin, die alle einlädt, sich einzubringen.

Kill your darlings

Jede Autorin, jeder Journalist und jeder Texter kennt den Satz: Kill your darlings. Er bedeutet: Verabschiede dich von allem, was nicht auf dein Thema einzahlt. Was den Text beschwert. Was die Story nicht vorantreibt. Oder die Kernaussage verwässert. Wer sich auf sein Fach versteht, handelt danach. Leicht fällt das nicht. Das weiß ich selbst nur zu gut. Denn was am Ende rausfliegt, ist oft inhaltlich interessant, großartig formuliert oder spannend gemacht. Auf jeden Fall steckt viel Arbeit drin. Es passt nur nicht ins beabsichtigte Narrativ.

Die große, stimmige Gesamterzählung aber ist beim CEO-Branding erfolgsentscheidend. Alles, was sie unterstützt und unterfüttert, ist gut und stärkt Ihre Identität. Alles, was dies nicht leistet, ist inhaltlich oft auch gut, führt aber dazu, dass Sie kein stimmiges Bild abgeben. Deshalb sehen Sie besser davon ab, es auszuspielen. Egal, wie sehr es Sie reizt, eine schicke Idee zu verwirklichen oder mal eben bei einem Thema mitzureden, das gerade in aller Munde ist! Was Sie kommunizieren, sollte immer Ihrer strategischen Absicht entsprechen. Stellen Sie deshalb alle Ihre Äußerungen und Postings auf den Prüfstand:

Fördert das, was mir gerade vorschwebt, mein Narrativ oder nicht?

Selbst wenn Sie denken, Sie hätten Ihre Themen und Werte schon tausendmal kommuniziert, es dauert nicht Tage, sondern Wochen und Jahre, bis sich Ihre Markenessenz in den Köpfen Ihrer Zielgruppen verankert. Dann aber stehen Ihre Chancen gut, dass Ihre Community Ihre Beharrlichkeit würdigt. Mit Loyalität und Vertrauen. Und manchmal sogar mit einer ausdrücklichen Anerkennung.

Die wurde kürzlich dem amerikanischen Multiunternehmer Gary Vaynerchuk zuteil, der auf LinkedIn über fünf Millionen Followerinnen und Follower für sich begeistert. Der TikTok-Star Rick Azas hat sich bei ihm bedankt, dass er nur dank Vaynerchuk auf den Kanal aufmerksam wurde, der ihn heute so erfolgreich macht: »Damals, als noch niemand die Plattform ernstnahm, predigte Gary pausenlos, dass TikTok und LinkedIn die besten Plattformen für organische Reichweite seien.«[148] Pausenlos. Das klingt wie die Neuauflage der alten Werberegel: Tell them. Tell them. And tell them again.

17
FIND OPPORTUNITY IN CRITICISM
#KrisenFest

Auto Shanghai, April 2023. Die Schlagzeilen klingen wie üblich: Chinesische Hersteller präsentieren selbstbewusst ... Auch deutsche Hersteller sind stark vertreten ... Kaum noch Modelle mit Verbrennungsmotor ... Dann plötzlich mischt sich ein Misston ins Nachrichten-Einerlei: Eiscreme-Desaster für BMW Mini. Eine Marketing-Aktion katapultiert BMW aus der Spur, und die Branche und mit ihr die halbe Welt horcht auf.

Dabei hatte alles so harmlos begonnen. Die BMW-Marke Mini wollte Besucher mit Gratis-Eis an ihren Stand locken. Wie nicht anders zu erwarten, fand die kühle Erfrischung reißenden Absatz. Die Eisvorräte gingen schneller zu Ende als gedacht. Einige chinesische Messebesucher hatten das Nachsehen. Die jungen chinesischen Mitarbeiterinnen am Stand wiesen ihre Bitte um ein Eis ab. Dass Goodies zu knapp bemessen sind, kann vorkommen. Was allerdings folgte, darf nicht passieren. Nicht beim Weltkonzern BMW und nicht einmal im kleinen KMU.

Eiskalt erwischt

Irgendjemand hatte die Szene mitbekommen, das Ganze gefilmt und mit einer zweiten Szene zusammengeschnitten: Später am Tag, so jedenfalls sah es im Video aus, bekam ein anderer, westlich wirkender Besucher doch noch ein Eis vom Standpersonal spendiert. Das Video mit den zwei Szenen landete auf Weibo, dem größten chinesischen Microblogging-Dienst. Was folgte, war ein Tsunami der Empörung: Nutzer von Weibo erhoben den Vorwurf, die britische Marke verteile ihre Geschenke bevorzugt an Gäste aus dem westlichen Ausland. In wütenden Kommentaren war von Diskriminierung und rassistischem Verhalten gegenüber chinesischen Messebesuchern die Rede. Mit 93 Millionen Aufrufen war »BMW Mini« zeitweise das am zweihäufigsten gesuchte Thema auf Weibo.

Ein paar Portionen Eis trugen BMW einen gigantischen Shitstorm ein. Ausgerechnet in China, ausgerechnet auf dem wichtigsten, zunehmend hart umkämpften Absatzmarkt der Welt. Knapp 793.500 Autos hatte BMW im Jahr 2022 dort ausgeliefert. Hinzu kam eine Erschwernis, die jeder kennt, der im Reich der Mitte Geschäfte macht:

Westliche Unternehmen, die in China Gefühle verletzen, müssen sich warm anziehen.

Der chinesische Markt mit seinen 1,4 Milliarden Konsument:innen verzeiht keine Ausrutscher, schon gar nicht, wenn es um die Ausgrenzung asiatisch aussehender Menschen geht. Auch Posts, die das Narrativ der Parteiführung in Peking angreifen, werden hart abgestraft. Dutzende von Luxusmarken von Apple bis Dior mussten bereits um Vergebung bitten, weil China seine Sichtweise auf den Staat verletzt sah.

Besonders empfindlich traf es das italienische Designer-Label Dolce&Gabbana. Dem italienischen Unternehmen kamen als rassistisch empfundene Werbespots und abwertende Äußerungen über chinesische Menschen teuer zu stehen. Trotz nachfolgender Entschuldigungen wurde die Luxusmarke in China praktisch boykottiert und von führenden Modehäusern und Online-Händlern nicht mehr ins Sortiment genommen. Laut dem Finanznachrichtenportal Bloomberg vermieden es A-Promis sogar, bei der Verleihung der Golden Globe Awards und bei der Oscar-Nacht Roben von Dolce&Gabbana zu tragen – um sich in China nicht unbeliebt zu machen.[149] Schätzungen gehen von einem wirtschaftlichen Schaden für Dolce&Gabbana von rund 100 Millionen US-Dollar aus.

Eine Entschuldigung, die keinen Anklang fand

BMW konnte sich ausrechnen, wozu sich ein Shitstorm in China auswachsen kann. Entsprechend prompt reagierte der Konzern mit einer Entschuldigung. In einem längeren Statement auf Weibo (siehe unten) räumte man eine nachlässige Vorbereitung ein und entschuldigte sich bei den »alten und neuen Freunden des Mini« für den »Vorfall« und »die negativen Erfahrungen und Emotionen«, die dieser ausgelöst habe. Die Wortwahl war zwar weit entfernt von den Kniefällen, die in China bei derlei Gelegenheiten üblich sind. Zum Vergleich: 2021 geriet die Hongkonger Popsängerin Karen Mok auf Weibo in die Kritik, weil sie in einem Musikvideo einen Umhang von – Sie ahnen es! – Dolce&Gabbana trug. Mok leistete mit einem Kotau Abbitte: »I am truly sorry for being reckless this time. I have no excuse.«[150]

So tief wollte BMW nicht sinken. Doch vielleicht hätte die vergleichsweise laue Entschuldigung des Konzerns genügt, wenn sich die Verantwortlichen wenigstens ohne Wenn und Aber der Kritik gestellt hätten. Stattdessen forderten sie ihr Publikum zu mehr Verständnis für das Standpersonal auf. Aber lesen Sie selbst:

»Those of you who have been to the auto show should know that the auto show site is generally hot, MINI's original intention was to provide an early summer ›cool‹ for those who came to our booth, so that you can visit our booth happily and comfortably. A total of 600 ice creams were distributed to those who came to our booth through the MINI App. In fact, in addition to the 300 copies distributed each day, we also reserved a very small portion for our very hard-working colleagues onsite, the 4-5 ›foreigners‹ you see in the video are colleagues wearing staff badges.

In addition, due to the negligence of our process and the lack of meticulous management, which led to a bad experience, the two ladies in the incident are also young people who have just entered society, can you please give them more tolerance and space?«[151]

BMWs Selbstrechtfertigung ist eine sehr menschliche Regung. Sie trägt aber wenig zur Schadensbegrenzung bei. In den sozialen Medien in China kommentierten Nutzer:innen, sie würden beim Autokauf nie mehr einen BMW in Erwägung ziehen.[152] In der Ankündigung spiegelt sich wider, dass die chinesische Bevölkerung nicht mehr wie selbstverständlich zu ausländischen Produkten greift. Die Volksrepublik verfügt inzwischen selbst über sehr gute und hervorragend vermarktete Marken. Auf Twitter brandmarkte ein Nutzer die Krisenkommunikation von BMW als Katastrophe: »BMW mini, the PR handling of your China team is an epic disaster! If the group hasn't come out and apologized, it really shows your racist discrimination against the Chinese and your endless arrogance.«[153] Einer der Kommentare mit den meisten Likes gab dem Autohersteller den nicht unberechtigten Rat, das Kommunikationsteam auszutauschen.

Krisenkommunikation fängt vor der Krise an

Fehler passieren, niemand ist perfekt, und die Lust auf Empörung nimmt zu. Social CEOs und deren Berater:innen sind sich dessen bewusst und beugen vor. Am besten nehmen sie Gefahren schon wahr, noch ehe sie überhaupt zur Bedrohung werden. Denn die richtige Taktik für den Ernstfall ist gut. Noch besser ist es, wenn man sie am Ende nicht braucht. Zur Krisenprävention gehört es deshalb, Gefahrenszenarien zu entwickeln und alle im Unternehmen für unangemessene Aussagen und unethisches Verhalten zu sensibilisieren, vom Topmanagement bis zum Messepersonal.

Dass alle Menschen, egal welcher Hautfarbe oder welchen Geschlechts, einen Anspruch auf Gleichbehandlung haben, sollte zum Allgemeinwissen gehören. Dass unser Gehirn gern Abkürzungen nimmt und wir alle unbewusste Vorurteile in uns tragen, auch wenn wir uns für komplett unvoreingenommen halten, muss kommuniziert werden. Erst recht gehört es dazu, Mitarbeiterinnen und Mitarbeiter aller Nationen auf kulturelle und nationale Besonderheiten einzustimmen.

Die Managerin für kulturelle Integration Lu Hunter verdeutlicht in einem nachdenklich machenden LinkedIn-Beitrag, dass hinter dem Eiscreme-Shitstorm mehr steckt, als die westliche Welt ahnt: »Der Vorfall rief in vielen chinesischen Menschen schlimme Erinnerungen an ihre Geschichte wach. Sie gehen auf die traumatische Periode im 19. Jahrhundert zurück, als unter dem Shanghai International Settlement Bürger aus westlichen Ländern extraterritoriale und konsularische Zuständigkeit genossen.« Für chinesische Menschen bedeutete dies zum Beispiel, dass sie in privilegierten Enklaven Parks nur in Begleitung der Weißen betreten durften, für die sie arbeiteten. Die Erfahrung, dass ihre Vorfahren in ihrem eigenen Land als Menschen zweiter Klasse behandelt wurden, erklärt Lu Hunter, sei tief

im kulturellen Gedächtnis chinesischer Menschen verankert.[154]

Kennt man diesen Hintergrund, wird unmittelbar klar:
Wir können Eis-Gate nicht einfach als Ausdruck der Hyper-
moral unserer Zeit abtun. Der scheinbar aus dem Nichts
kommende Skandal rührt in Shanghai an tiefe Wunden.
Solche Hintergründe kann und muss ein Weltkonzern wie
BMW kennen und mitdenken. »Es geht nicht nur darum,
über Kundentrends und Kaufkraft Bescheid zu wissen«,
gibt Lu Hunter zu bedenken. »Es braucht auch kulturelle
Intelligenz.«

Überleben im Sturm

Niemand kann einen Shitstorm mit einer Gegenoffensive niederschlagen. Dafür entfalten Empörungswogen im
Netz eine zu ungebändigte und letztlich unberechenbare
Wucht. Auflehnung ist daher zwecklos. So sehr das Ego sich
im Recht glaubt, Angriffswogen erfordern einen kühlen
Kopf und gute Nerven. Jetzt kommt es darauf an, souverän
die Welle zu reiten. Diese fünf Punkte helfen dabei:

Schnell reagieren. Immer. Der schlimmste Fehler wäre
es, Angriffe, Kritik und böse Kommentare in den sozialen
Medien zu ignorieren. Shitstorms müssen adressiert werden, und zwar sofort und auf allen Kanälen, nicht nur in
Englisch, sondern auch in der Landessprache. Am besten
gibt es dafür schon im Vorfeld Pläne und erfahrene Partner
vor Ort. Denn viel Zeit bleibt Ihnen im Auge des Sturms
nicht.

Verantwortung übernehmen. Ohne Wenn und Aber.
Nichts heizt einen Shitstorm mehr an, als den Kopf in den
Sand zu stecken, Kritik von sich zu weisen oder das Problem zu bagatellisieren. Sie sollten auch niemals den Stein
des Anstoßes verschwinden lassen und zum Beispiel einen
Post kommentarlos löschen. Vertuschungsversuche ziehen
erst recht die Aufmerksamkeit auf sich.

Authentisch sein. Gestehen Sie Fehler unumwunden ein. Sorgen Sie für Abhilfe und schaffen Sie Missstimmungen, wenn es angebracht ist, mit der Bitte um Verzeihung aus der Welt. Aufrichtige Reue nimmt Angreifern den Wind aus den Segeln. Eine rein strategisch motivierte Entschuldigung hingegen würde der Glaubwürdigkeit Ihrer Brand schaden. Die frühere Pressesprecherin des Weißen Hauses Jen Psaki zieht eine klare Linie: »Unternehmen sollten sich nie genötigt fühlen, sich für ihren Einsatz für grundlegende Menschenrechte oder den Widerstand gegen Unterdrückung zu entschuldigen.«[155]

Besonnen bleiben. So schwer es fällt: Bleiben Sie nett und höflich. Nehmen Sie Kritik nicht persönlich. Sie handeln als Brand, nicht als Person. Starten Sie keine Gegenoffensive, begegnen Sie ungerechtfertigten Vorwürfen mit Transparenz und nachweisbaren Fakten. Wer sich aufs hohe Ross setzt oder Beschimpfungen im gleichen Ton erwidert, heizt den Shitstorm noch weiter an. Auch Belehrungen und Bitten um Zurückhaltung sind kontraproduktiv, selbst wenn Sie in der Sache recht haben. Mit keinem Satz hat sich BMW im Eiscreme-Fiasko mehr geschadet als mit der indirekten Unterstellung, Kritiker würden Druck auf zwei junge BMW-Mitarbeiterinnen ausüben: »Can you please give them more tolerance and space?«

Die Krise in eine Chance verwandeln. Man kann gegen Shitstorms sagen, was man will: Sie bringen Personal Brands und Unternehmen in die Schlagzeilen. Sie erregen Aufmerksamkeit und sind damit ein Gut, das so wertvoll ist, dass Werbung, Medien und Künstler:innen es strategisch einsetzen. Sie mobilisieren die eigene Community und rufen Verteidiger auf den Plan. Wer einem Shitstorm geschickt begegnet, kann möglicherweise sogar an Reputation zulegen. In diesem Zusammenhang erweist sich eine profilierte CEO-Marke als besonders nützlich: In Asien zum Beispiel schaut man genau hin, wer im Unternehmen für Versäumnisse und Fehler einsteht. Schaltet sich der CEO auf seinen Accounts persönlich in die Diskussion ein, steigt die Wahrscheinlichkeit, dass der Wind sich dreht.[156]

18
AVOID THE PITFALLS OF IRONY
#AllesKlar

Humor ist eine Kunst für sich und in den sozialen Medien eine echte Gefahr. Werden Scherze, Ironie oder Doppeldeutigkeiten missverstanden, können sie sogar den Job kosten. Kaum jemand hat das so schmerzlich erfahren wie Tony Blevins. Der Chefeinkäufer bei Apple verlor seinen Job, weil er ein Filmzitat in die Kamera sprach, das keiner kannte. Sein Fall ist so exemplarisch, so unterhaltsam und so mehrdeutig, dass man ihn sich nicht besser ausdenken könnte. Am Ende lehrt er vor allem eines: Sarkasmus und Ironie haben in den sozialen Medien keinen Platz.

Geniale Frage: »Was machen Sie beruflich?«

Tony Blevins' Absturz beginnt mit der Erfolgsstory des jungen TikTok-Stars Daniel Mac. Mit einem einfachen Rezept hat Mac es geschafft, mehr als 13 Millionen Follower:innen für sich zu begeistern. Sein Kniff: Er sucht nach auffallenden und teuren Autos auf den Straßen Amerikas, geht auf die Fahrer und Fahrerinnen zu, richtet das Smartphone auf sie und stellt die immer gleiche Frage: »Nettes Auto. Womit verdienen Sie Ihr Geld?«

Die Antworten sind so entlarvend wie überraschend. »Investmentbanker«, antwortet der eine, »Immobilienmaklerin« die andere. »Musikmanager« sagt ein Dritter, und ein Vierter tut kund: »von Beruf Sohn«. Das simple Format schlug wie ein Meteorit auf TikTok ein. Es funktioniert, weil es kurz und knapp einen unwiderstehlichen Emotionscocktail mischt. In weniger als 30 Sekunden bekommen wir auf TikTok serviert: den Anblick schöner Autos, die Verblüffung ihrer Besitzer:innen, Spannung und Überraschung durch die Aufdeckung, zu wem dieses Auto gehört. Dazu kommen Informationen über die Verdienstmöglichkeiten in der »Upper Upper Class« und ein klitzekleines Gefühl von Neid und Bewunderung. Denn sind wir mal ehrlich: Niemanden lässt es völlig kalt, wenn andere sich lässig aus einem Bentley, Maserati oder Maybach schälen.

Regelmäßig stehen Daniel Macs Dreißigsekünder an der Spitze der TikTok-Charts. Der Promi-Faktor spielt dabei eine große Rolle: »itsdanielmac« hat die Oscar-Preisträgerin Helen Mirren ebenso aufgespürt und überrascht wie Brooklyn Beckham, den ältesten Sohn von Fußballlegende David Beckham. Er fuhr einen roten McLaren P1 und gab als Beruf Chefkoch an. Sogar Präsident Joe Biden wurde von Daniel Mac gefilmt. Am Steuer eines Elektro-Cadillacs beantwortete er Macs Standardfrage mit der Auskunft, er sei mit Jill Biden verheiratet und wünsche sich mehr amerikanische E-Autos auf der Straße. Sein Bodyguard auf dem Beifahrersitz schaute einstweilen unbeteiligt durch die Windschutzscheibe. Es ist offensichtlich: Die TikTok-Attacke hat den Präsidenten nicht ganz unvorbereitet getroffen.

Jobverlust durch TikTok-Video? Ja, das geht ...

Daniel Macs Erfolg hat sich schnell herumgesprochen. Wer auf dem Parkplatz einer Promi-Autoschau die Türen seines Mercedes-Benz SLR McLaren öffnet, kann ziemlich sicher damit rechnen, dass jemand ihm ein Handy vor die Nase hält und die Frage stellt, wie er oder sie sich ein so schickes Auto leisten kann. So erging es auch Tony Blevins. Und er war vorbereitet. Genau das kostete ihn seinen Job.

Führen wir uns das Video vor Augen: Es zeigt Blevins, wie er sich in einem mintfarbenen Anzug mit schriller Union-Jack-Weste und roten Wangen aus dem tiefen Sitz hebt und breit lächelnd antwortet: »I have rich cars, play golf and fondle big-breasted women, but I take weekends and major holidays off.« Der sexistische Spruch ging viral. Zwei Wochen später war Blevins seinen Job als Apple-Manager los. Nach 22 Jahren.

Vom missglückten Versuch, komisch zu sein

Apple-Mitarbeiter hatten das Video auf TikTok gesehen und Beschwerde eingelegt. Eine interne Untersuchung kam, wie nicht anders zu erwarten, zu dem Schluss, Blevins' »offensive joke« passe nicht zur offenen, respektvollen Kultur des Weltkonzerns. Game over. Blevins hatte wenig bis gar keine Pfeile zur Verteidigung im Köcher. Ihm blieb nur die kleinlaute Entschuldigung: »I would like to take this opportunity to sincerely apologize to anyone who was offended by my mistaken attempt at humor.«[157]

Natürlich entspricht ein Manager, der Grenzen auf diese Weise verletzt, nicht dem Bild einer verantwortungsvollen, integren Führungskraft im Silicon Valley. Sein Verhalten widerspricht auf der ganzen Linie der Empfehlung, wie sich Apple-Manager:innen in der Öffentlichkeit verhalten sollen. »Wir möchten, dass Sie Sie selbst sind, aber Sie sollten auch in Posts, Tweets und anderer Online-Kommunikation respektvoll sein«, heißt es in Apple-internen Richtlinien.[158]

»Es war wirklich eine traurige Situation«, erinnert sich Daniel Mac: »Er macht Witze und seine Frau sitzt auf dem Beifahrersitz und lacht. Das Video war nicht einmal so gut. Andererseits muss ich sagen, dass man als Apple-Führungskraft nicht wirklich solche Witze vor der Kamera machen kann.«

Die Empörungswelle schwappte von Kalifornien auf alle Kontinente. Zum Beispiel auch nach Bremen. Fast 9.000 Kilometer vom Apple-Headquarter entfernt versah Prof. Dr. Dennis-Kenji Kipker, ein deutsch-japanischer Rechtswissenschaftler und Professor für IT-Sicherheitsrecht, die Nachricht über Blevins' Ausscheiden mit dem Kommentar: »Toxische Männlichkeit auch bei Apple und Management ohne Vorbildfunktion.«[159] Viele seiner Kontakte, die auf LinkedIn diskutierten, drückten es noch drastischer aus: »Schickt den Typen, der den Deppen eingestellt hat, gleich mit in die Wüste«, war noch einer der harmloseren Kommentare.

Natürlich hat Tony Blevins seiner Vorbildfunktion nicht einmal ansatzweise entsprochen. Doch die Sache verhält sich komplizierter als auf den ersten Blick erkennbar. Sieht man genauer hin, zeigt sich nämlich: Der Apple-Manager hat seinen Job nur scheinbar wegen Frauenverachtung verloren. Tatsächlich hat er nur ein bisschen zu sehr um die Ecke gedacht. Und sich dabei hoffnungslos verrannt.

Spontaneität braucht Vorbereitung

Stellen Sie sich vor, Sie sind privat unterwegs und werden aus heiterem Himmel um ein Statement vor laufender Kamera gebeten. Natürlich ist diese Situation heikel. Es gibt leichtere Übungen, als auf Knopfdruck eine gute Figur abzugeben. Wer verbirgt schon in ein und demselben Moment seine Überraschung, hievt sich elegant aus dem Fahrzeug und überzeugt mit einer schlagfertigen Antwort, die trotzdem allen Regeln der guten Kommunikation genügt? Manager der Topetage fürchten zudem, sie könnten etwas sagen, das der Reputation des Unternehmens schadet oder es juristisch gefährdet. Besser, man hat einen vorbereiteten Satz parat. Und Tony Blevins hatte einen vorbereiteten Satz parat. Entsprechend sicher fühlte er sich.

Die Strategie, die er sich zurechtgelegt hatte, war an sich nicht ungeschickt: kurz mal eben die missliche Frage mit einem lockeren Spruch beantworten, nichts zum Unternehmen sagen, lächeln, winken, weiterfahren ... Als Antwort hatte er sich etwas komplett Unverfängliches ausgedacht: ein Filmzitat. Wir können ihm diese gute Absicht unterstellen, weil sein Statement Wort für Wort einem Satz entspricht, den der Komiker Dudley Moore im Hollywood-Film »Arthur – kein Kind von Traurigkeit« genau im gleichen Wortlaut von sich gibt: »I have rich cars, play golf and fondle big-breasted women, but I take weekends and major holidays off.«

Zitatgeber Arthur: Hollywood-Filmfigur aus den Achtzigern ...

»Arthur« war zu seiner Zeit ein Kultfilm. Auch wenn Sie sich nicht mehr daran erinnern, den Soundtrack würden Sie vermutlich erkennen: »Arthur's Theme« von Christopher Cross ist bis heute ein Easy-Listening-Klassiker geblieben. 2011 bekam die romantische Komödie übrigens eine Neuauflage mit Russell Brand, Helen Mirren, Jennifer Garner und Greta Gerwig in den Hauptrollen.

Der Film-Arthur ist ein verwöhnter Multimillionärssohn, der noch nie in seinem Leben gearbeitet hat. Er verliebt sich in die Ladendiebin Linda Marolla, gespielt von Liza Minelli, und muss sich entscheiden: Geld oder Liebe. Natürlich entscheidet er sich, wie es sich für eine Komödie gehört, für die Liebe und hält damit der statusbewussten, wertefreien High Society den Spiegel vor: »When you get caught between the moon and New York City... The best that you can do is fall in love!«

Der Film-Arthur ist also ein Guter.

Wenn er von Golf, Autos und Brüsten spricht, ironisiert er die Entgleisungen der Superreichen. Zu ihnen gehört er zwar, aber er verachtet sie. Sein wahrer Charakter zeigt sich in seiner Liebe zu Linda, die aus einfachen Verhältnissen kommt, und in seiner Fürsorge für seinen todkranken Butler.

Das Gegenteil von gut ist gut gemeint

Der Hollywoodfilm ist freigegeben für Zuschauer ab zwölf Jahren. Niemand hat sich je an dem flachen Spruch des Film-Arthur gestört. Mit etwas Wohlwollen könnte man Tony Blevins deshalb zugutehalten: Mit dem Zitat aus dem Arthur-Film stellt er seine eigene gesellschaftliche Stellung kritisch infrage. Warum sonst sollte er sich der Worte eines Millionärssohns bedienen, der seiner Klasse den Spiegel vorhält?

Ich bin mir ziemlich sicher: Etwas in der Art hat Blevins sich zusammengereimt. Er glaubte, einen guten Weg gefunden zu haben, seinen Arbeitgeber aus dem Spiel zu lassen. Man stelle sich nur einmal vor, er hätte auf Daniel Macs obligatorische Frage geantwortet: »Ich bin einer der Chefeinkäufer bei Apple.« Mit dieser Aussage hätte er hämischen Kommentaren Tür und Tor geöffnet. Etwa dem, man könne leicht Mercedes-Benz SLR McLaren fahren, wenn man für einen der reichsten Konzerne der Welt Zulieferunternehmen in den ärmsten Ländern so weit im Preis drückt, dass die Marge stimmt ...

Ironie versteht sich nicht von selbst

Die Sache hat nur einen Haken. Blevins' Ausweichmanöver hätte nur funktionieren können, wenn die große Mehrheit der TikTok-Follower:innen den Film und den Kontext des Filmzitats gekannt hätte. Nur so hätten sie auf die Idee kommen können: Wer sich als Multimillionär und Luxusautofahrer die Worte eines sozialromantischen Filmmillionärs zu eigen macht, meint nicht wirklich, was er sagt. Seine Aussage ist ironisch zu verstehen und meint das Gegenteil des Gesagten.

Sie finden, das klingt ziemlich kompliziert. Das ist es auch. Und genau das hat Tony Blevins zu Fall gebracht. Als Topmanager hätte er wissen müssen: Social-Media-Nutzer:innen nähern sich einem Text oder Film nicht mit dem Vorwissen oder der Sensibilität von Feuilletonredakteuren oder Filmrezensenten. Sie wollen klar informiert oder gut unterhalten sein. Nicht mehr und nicht weniger. Deshalb funktioniert Ironie in den sozialen Medien nicht. Hat Tony Blevins ernsthaft gedacht, dass Daniel Mac, dessen Zuschauer:innen und das Apple-Management seinen geschmacklosen Ausspruch als Zitat erkennen und sich an einen jahrzehntealten Film erinnern, geschweige denn einen völlig aus der Zeit gefallenen Satz daraus? Niemand hat sich daran erinnert. Kein Mensch bei Apple, kein einziger Nutzer in den sozialen Medien hat darauf hingewiesen, eigentlich habe Tony Blevins ja nur einen Uralt-Spruch aus einem Uralt-Film zitiert.

Das ist der springende Punkt: Vielleicht ist Tony Blevins kein Frauenfeind. Aber er klang wie einer. Egal, was er sich dachte und wie er es meinte, er kommunizierte nicht mit der Klarheit und Voraussicht, die man vom Chefeinkäufer des wertvollsten Börsenunternehmens erwartet. Er gab seinem Publikum Rätsel auf. Dafür aber fehlt in den sozialen Medien die Zeit. TikTok & Co. setzen auf Geschwindigkeit, schnelle Argumente und kurze Sätze. Bei jedem einzelnen

Satz, bei jedem Statement und jeder noch so kurzen Aussage gilt es deshalb, das Publikum – die eigenen Follower, Fans und Freunde ebenso wie Kritiker, Skeptiker und Unbeteiligte – im Blick zu behalten. So viel Vorsicht ist zumutbar. Erst recht, wenn jemand dem Topmanagement des besten Unternehmens der Welt angehört.

19
EVOLVE YOUR BRAND FEARLESSLY
#LeinenLos

Die sozialen Medien fressen nur Zeit. Heißt es. Facebook verliere laufend Mitglieder und Werbeeinnahmen. Sagt man. Und ist Twitter wirklich mehr als ein Ort für Hass und Hetze? ... Sie merken: Es gibt sie noch, die Führungskräfte, die sich von den sozialen Netzwerken lieber fernhalten. Kann es sein, dass wir uns in Deutschland zu leicht ablenken lassen? Und uns lieber in vorgefassten Meinungen bestätigt sehen statt wahrzunehmen, was wirklich Spannendes, Begeisterndes und Wunderbares passiert?

Natürlich finden in der Social-Media-Welt Entwicklungen, Verschiebungen und manchmal sogar Abstiege statt. Altes geht, Neues kommt – wie in jeder anderen Branche. Doch die sozialen Medien werden nicht verschwinden. Im Gegenteil: Die Anzahl der Social-Media-Nutzer:innen steigt von Jahr zu Jahr. Im Januar 2023 lag sie bei rund 4,76 Milliarden weltweit.[160] Unentwegt entstehen neue Kanäle und Formate, und wer denkt, Instagram sei zu poliert, TikTok zu kindisch und LinkedIn werde gerade zu persönlich, sollte sich zum Beispiel mal mit Reddit befassen. 2023 knackte die deutsche Community auf Reddit offiziell die Marke von einer Million Nutzer:innen. Zugegeben: Im Vergleich zu YouTube, Facebook, TikTok und Instagram ist die Plattform ein kleines Pflänzchen. Dafür erreicht sie eine höchst attraktive Zielgruppe. Auf Reddit tummeln sich vor allem die 18- bis 34-Jährigen, also die aufstrebende, zahlungskräftige Generation der Zukunft.

Die Plattform für den echten Austausch

Hinter Reddit steckt kein anderer als der Tech-Entrepreneur und Philanthrop Alexis Ohanian. Gemeinsam mit seinen Freunden Steve Huffman und Aaron Swartz hat er die Plattform mit 22 Jahren gegründet. Alexis verstand schon im College: Auf Dauer befriedigt die perfekt kuratierte Realität im Netz so wenig wie Zuckerwatte. Als er Reddit 2005 gründete, konzipierte er seine Diskussionsplattform deshalb als eine Art »Anti-Facebook«. Von Anfang an war massenhafte Produkt- und Eigenwerbung verpönt. Der Kanal mit dem freundlichen Alien-Logo sollte dem positiven, kreativen Austausch dienen, nicht der Eigenwerbung und Selbstvermarktung. Und last, but not least: Die Reddit-Erfinder setzten auf Transparenz. Was sich auf Reddit (abgeleitet von »I read it« – ich habe es gelesen) durchsetzt und was nicht, entscheidet nicht irgendein undurchschaubarer Algorithmus. Es wird von den Mitgliedern der Community herauf- oder heruntergestuft. Heimst ein Post viele Upvotes ein, steigt er in den Reddit-Rankings und wird von vielen Menschen gelesen. Erhält ein Post viele Downvotes, fällt er in den Rankings und verschwindet aus dem Sichtfeld.

Die Zeit gibt den Reddit-Gründern recht: Die Gen Z, die in weniger als einem Jahrzehnt die größte Käufergruppe auf dem Markt darstellen wird, schätzt nichts mehr als das Echte, Ungekünstelte. Beides hatte Reddit schon eingebaut, als die Altersgruppe, die heute den Kanal am häufigsten nutzt, noch in den Kinderschuhen steckte. Als »Community für Communities« hat Reddit wie kaum eine andere Social-Media-Marke erspürt, was Menschen wirklich in den sozialen Medien suchen: Produkte, Angebote und Schnäppchen? Ja, das auch. Vor allem aber: Anerkennung, Kontakt und Zugehörigkeit. Oder wie es im Englischen heißt: »a sense of belonging«.

Die über 50 Millionen Menschen, die täglich auf Reddit aktiv sind, finden dort eine Spielwiese, auf der sie sich mit ihren Ideen, ihren Beiträgen und Kommentaren ausleben können. Genau so hatte Ohanian es sich vorgestellt, als er Reddit in seiner Studentenbude als offenen, unzensierten Social-News-Aggregator entwarf. Der Verfechter für ein freies, unzensiertes Internet wünschte sich, dass sich jede gute Idee frei entfalten kann, ohne jemanden um Erlaubnis fragen zu müssen. Was Nutzer:innen auf Reddit treiben, ist deshalb ihre Sache: »Wir üben keine Kontrolle über die Reddit Community aus, in keiner Weise, Art oder Form. Wir haben keine Macht über sie und deshalb besitzen wir nicht mehr diese volle Kontrolle.«[161]

Die Kunst des Loslassens

Dinge anzustoßen, um sie dann loszulassen und freizugeben, darin scheint Ohanian Meister zu sein. Längst prägt und steuert er Reddit nicht mehr persönlich. Seinem geistigen Kind hat die Trennung nicht geschadet: Die Anlagen, die Ohanian, Huffman und Swartz Reddit mitgegeben haben, prägen bis heute den Charakter der Plattform. Während sich fast alle sozialen Kanäle immer ähnlicher werden, trotzt Reddit dem Trend zur Beliebigkeit. Bald 20 Jahre nach seiner Gründung zeichnet sich der Kanal noch immer durch seine Freiheit und Vielfältigkeit aus. Wobei nicht abzustreiten ist: Manchmal führt die fehlende Moderation auch zu gefährlichen Inhalten.

Ohanian kennt diesen Preis. Er hält ihn aber für vertretbar: Es ist der Preis, den wir für ein freies Internet zahlen. Der Reddit-Mitgründer, der heute als CEO seines Venture-Capital-Unternehmens Seven Seven Six ein Vermögen von einer Milliarde Dollar verwaltet, vertritt ein Credo, das ich bedenkenswert finde:

> **Wenn eine Idee wirklich populär werden soll, dann darf sie nicht nur innerhalb der eigenen Bubble gut ankommen.**

Sie muss so weit verbreitet werden, dass sie im Mainstream Gefallen findet. In den sozialen Medien kann das in kurzer Zeit geschehen. Ohne großen Aufwand, ohne große Kosten. Allerdings müssen Ideengeber dafür etwas tun, was vielen schwerfällt: Kontrolle abgeben. Ohanian bringt die Güterabwägung einleuchtend auf den Punkt: »Jeder, der etwas online stellt, verliert die Kontrolle über seine Botschaft, erhält aber dafür Zugang zu einem weltweiten Publikum!«[162]

In der Praxis heißt das: Reichweite hat einen Preis. Wir können unsere Personal Brand noch so sorgfältig hegen und pflegen. Wenn wir im großen Stil davon profitieren wollen, brauchen wir Mut zum Unerwarteten. Die Unvermeidlichkeit dieses Trade-off schreibt Alexis Ohanian allen ins Stammbuch, die sich ärgern, wenn die Kommentare zu einem Post eine etwas andere Richtung nehmen als erhofft. Solange Diskussionen nicht in Hass umschlagen, sind unerwartete Wendungen in den Augen des Reddit-Gründers vollkommen okay. Und manchmal der entscheidende Hebel.

Kein alter Hut: die Geschichte von Mr. Splashy Pants

Die folgende Geschichte illustriert wie im Lehrbuch, welche Dynamiken die sozialen Medien entfalten können.

Ohanian erzählt sie in einem legendär gewordenen TED-Talk. Es geht darin um die Tausenden von Buckelwalen, die jährlich im Südpazifik abgeschlachtet wurden, angeblich zu wissenschaftlichen Zwecken. Greenpeace wollte deshalb die japanische Regierung bewegen, die Jagd auf die Meeresriesen zu verbieten. Mit diesem Ziel im Blick stattete die Organisation Buckelwale mit Transpondern aus. Alle Welt sollte im Internet den Weg der Tiere miterleben. Zeitgleich veröffentlichte Greenpeace auf Reddit einen Aufruf an die Nutzer:innen, über den Namen für einen der Buckelwale abzustimmen. Die Reddit-Gemeinde war begeistert dabei. Allerdings favorisierte sie einen Namen, der Greenpeace zu flapsig war: Mr. Splashy Pants.

In der Hoffnung, doch noch einen gediegeneren Namen durchzusetzen, verlängerte Greenpeace die Aktion. Doch der Name »Mr. Splashy Pants« war in der Welt. Reddit-Gründer Alexis Ohanian ließ es sich nicht nehmen, eigenhändig eine kleine Zeichnung des Wals in Badehose anzufertigen, die für kurze Zeit als Reddit-Logo fungierte. Und auch andere bewiesen Fantasie. Ein Reddit-User ging so weit, Cookies zu deaktivieren, um anschließend über eine halbe Stunde lang mit 120 Stimmen pro Minute abzustimmen. Eine Zeit lang standen sowohl die Reddit-Seite als auch die Greenpeace-Homepage kurz vor dem Zusammenbruch. Langer Rede kurzer Sinn: Das Internet liebte Mr. Splashy Pants. Also machte Mr. Splashy Pants das Rennen.

Der Buckelwal hatte seinen Namen weg, und in Japan siegte die Vernunft. Im Dezember 2007 stellte die japanische Regierung die Jagd auf Splashy und seine Artgenossen unter Strafe. Hätte Greenpeace im Voraus gewusst, dass die Tierschutzaktion zum Klamauk-Event der Internet-Nerds mutieren würde, hätten die Verantwortlichen die Aktion vielleicht frühzeitig beendet. Möglicherweise wäre es nie gelungen, die japanische Regierung zum Einlenken zu bewegen. So aber sind Greenpeace und wir um eine

Erfahrung reicher. »Es war eine großartige Lektion für Greenpeace zu lernen, dass es OK ist, Kontrolle abzugeben«, schlussfolgert Ohanian. »Diese Botschaft möchte ich mit Ihnen teilen: Sie können online alles erreichen. Aber Kommunikation läuft nicht mehr ausschließlich top-down. Wenn Sie Erfolg haben wollen, müssen Sie damit klarkommen, Kontrolle abzugeben.«[163]

Time to be real!

Viele meiner Kundinnen und Kunden machen sich Gedanken, wer ihre Beiträge liest, welche Kommentare ein Post erzeugt und welche weiteren Kommentare sie lostreten könnten. Diese Vorsicht ist nicht falsch. Sie ist aber auch nicht ganz richtig. Die Geschichte von Mr. Splashy Pants liefert dafür den besten Beweis. Wir können in den sozialen Medien nicht beides haben: hundertprozentige Kontrolle und gigantische Multiplikationseffekte. Wer sich stets hübsch gefiltert zeigt, vermeidet zwar Kritik, Attacken und unliebsame Entwicklungen. Er oder sie fährt aber mit angezogener Handbremse.

Das ganze Potenzial von Social Media kann nur entfesseln, wer sich aus der Deckung wagt.

Denn spätestens die umworbene Generation Z und ihre Nachfolger:innen lassen sich von geschliffenen Auftritten auf Instagram und TikTok nicht mehr beeindrucken. »Being extra human« heißt der neue Anspruch. Er führt dazu, dass jüngere Nutzer:innen sich zunehmend von allzu perfekt kuratierten Social-Media-Welten abwenden. Sowohl die Beliebtheit von Reddit mit seiner traditionell anarchischen Kultur als auch die rasant aufsteigende App BeReal zeugen davon.[164] »TikTok vernebelt unser Gehirn«, beobachtet Ohanian in einem Interview mit dem Inc. Magazine. »Wir treten mit niemandem in Verbindung. Wie

Hamster im Rad versuchen wir herauszufinden, wie wir uns die nächste Belohnung sichern. Der Erfolg von BeReal hingegen hat mich in der Überzeugung bestärkt, dass die zweite Welle der sozialen Medien von dem fundamental anderen Mindset der Gen Z getrieben sein wird.«[165]

Tatsächlich ist die neue Social-Media-App BeReal verglichen mit allem Bisherigen … genau: verblüffend real. BeReal macht Schluss mit aufwendig vorbereiteten Fotos und dem nie endenden Strom der Inhalte. Das funktioniert so: Wenn Sie die App installieren, erhalten Sie einmal am Tag die Benachrichtigung: »Time to BeReal!« Von da an haben Sie genau zwei Minuten Zeit, ein Foto hochzuladen. Als weitere Erschwernis kommt hinzu: Rückkamera und Frontkamera nehmen gleichzeitig auf. Zu sehen sind also sowohl der/die Nutzer:in als auch deren Sichtfeld. Dazu kann noch eine kurze Beschreibung kommen. Danach wird das Foto hochgeladen, egal, ob die App Sie gerade am Computer sitzend oder beim Haarewaschen erwischt hat. Alternativ knipst man das Bild des Tages erst später, handelt sich aber damit ein, dass das Foto als »late« gekennzeichnet wird. Wer an einem Tag überhaupt kein Foto postet, hat auch keinen Zugriff auf die Bilder von Freundinnen und Freunden.

Ihre Werte sind der beste Schutz

Natürlich müssen Sie als CEO bei so viel Offenheit nicht mitmachen. Selbstverständlich wird es immer Kanäle geben, in denen man sich so vorteilhaft zeigt, wie es zur professionellen Rolle passt. Andererseits haben Alexis Barreyat und Kévin Perreau, die Gründer von BeReal, ein Bedürfnis erkannt, das uns in den nächsten Jahren beschäftigen wird: Die nachrückenden Generationen wünschen sich eine bessere, echtere Version sozialer Medien. Sie streben nach einer Social-Media-Welt, in der Menschen sich wieder mehr auf das Wesentliche besinnen und stärker füreinander da sind.

Mehr Substanz, weniger Show – mit diesem Anspruch können sich viele anfreunden. Dagegen steht die (berechtigte) Angst, sich mit einem einzigen Post unmöglich zu machen. BeReal hat deshalb vorgesorgt und sichert seine Nutzerinnen und Nutzer mit einem eingebauten Schutzmechanismus ab. Oder eigentlich zwei. Erstens: Das Foto des Tages sehen nur Freundinnen und Freunde. Und zweitens: Am nächsten Tag, bei der nächsten Nachricht »Time to BeReal« ist der Zauber vorbei. Das Foto des Vortags verschwindet. Es ist so alt wie die Zeitung von gestern.

Eingebaute Schutzmechanismen sind gut. Es gibt aber einen viel besseren Schutz gegen böse Kommentare: Ihr Bewusstsein für die möglichen Konsequenzen Ihrer Beiträge. Sie sind Ihr eigener Content Owner. Niemand außer Ihnen bestimmt, welche Gedanken und Inhalte Sie teilen. In welchem Wortlaut und in welcher Form. Online wie offline gilt deshalb: Wenn Sie ausschließlich kommunizieren, wozu Sie voll und ganz stehen, können Ihnen Angreifer wenig anhaben. Kritik ist zwar immer möglich, das wusste schon Winston Churchill, wenn man sich öffentlich für etwas einsetzt. Wenn Sie aber konsequent wahrheitsgetreu und im Einklang mit Ihren Werten posten, können Sie ziemlich gelassen abwarten, welche Resonanz ein Beitrag erfährt, wie sich Ihre Gedanken potenzieren und wie Hunderte, Tausende und vielleicht sogar Millionen von Menschen Ihre Impulse drehen, wenden und weiterspinnen. Oder wie es Ohanian formuliert: »Sie können eine wirklich große Keule schwingen.«

Your brand is your voice in the world.
Be sure it is heard loud and clear ...

Ihre Marke ist Ihre Stimme in der Welt. Stellen Sie sicher, dass sie laut und klar ertönt. Das ist, in einen Satz gepackt, meine Botschaft an Sie. Nutzen Sie Ihre Personal Brand, um die Zukunft zu schaffen, die Sie sich wünschen.

Denn Ihre Marke macht Sie so stark und einzigartig, wie nur Sie es sein können.

Sie spiegelt Ihre Persönlichkeit wider, genau so, wie es Ihren Absichten entspricht. Sie macht Sie bekannt, weit über Ihr Unternehmen hinaus. Sie potenziert Ihre Reichweite, Ihre Größe, Ihren Einfluss. Sie befähigt Sie, Menschen zu inspirieren und die Welt zum Guten zu verändern. Mit Gestaltungskraft, Weitsicht und der ganzen Kraft der Vielen. Und das Schöne daran ist: Sie halten die Schlüssel zum Erfolg selbst in der Hand. Am Ende sind es nämlich immer nur drei Fragen, die die Antworten für den gelungenen Refresh einer Marke liefern:

1. Was ist der Zweck meiner Marke?
2. Was ist das Leitbild meiner Marke?
3. Was bin ich bereit zu geben?

Seien Sie ehrlich.
Bringen Sie es auf den Punkt.
Und dann bleiben Sie dran.
#uplift #empower #inspire

Endnoten

1 William Arruda. 10 Personal Branding Trends For 2023. Forbes, 18. Dezember 2022. Online verfügbar unter: https://www.forbes.com/sites/williamarruda/2022/12/18/10-personal-branding-trends-for-2023/?sh=1da266ab716b (zuletzt abgerufen am 24. Juli 2023)

2 Haufe. Worauf legt die Generation Z besonders viel Wert? 21. Februar 2020. Online verfügbar unter: https://medialounge.haufe.de/artikel/worauf-legt-die-generation-z-besonders-viel-wert (zuletzt abgerufen am 24. Juli 2023)

3 Reidel, M. Ohne Allüren an die Spitze. Horizont. 29. Januar 2015.

4 QUER GEFRAGT – 10 Fragen an den Telekom-CEO und Camp Q-Speaker Tim Höttges. Creating Corporate Cultures, 13. April 2018. Online verfügbar unter: https://blog.creating-corporate-cultures.org/2018/04/13/quer-gefragt-10-fragen-an-den-campq-speaker-tim-hoettges/ (zuletzt abgerufen am 24. Juli 2023)

5 Telekom-CEO Tim Höttges ist erneut bester Redner. PR Report, 7. Juli 2022. Online verfügbar unter: https://www.prreport.de/singlenews/uid-937329/telekom-ceo-tim-hoettges-ist-erneut-bester-redner/ (zuletzt abgerufen am 24. Juli 2023)

6 TikTok @ deutschetelekom. Unboxing TPhone Pro. Online verfügbar unter: https://www.tiktok.com/@deutschetelekom/video/7192152633501650182 (zuletzt abgerufen am 24. Juli 2023)

7 Marcus Werner. Nutzen Sie diese Rhetorik-Tricks der CEOs. Wirtschaftswoche, 8. März 2023. Online verfügbar unter: https://www.wiwo.de/erfolg/management/karriereleiter-nutzen-sie-diese-rhetorik-tricks-der-ceos/29023248.html (zuletzt abgerufen am 24. Juli 2023)

8 Prof. Dr. Frank Brettschneider, Dr. Claudia Thoms. Klartext oder Kauderwelsch? Die formale Verständlichkeit der CEO-Reden auf den Hauptversammlungen 2023 (DAX-40-Unternehmen). Universität Hohenheim, Juli 2023. https://www.uni-hohenheim.de/uploads/media/CEO-Klartext_2023.pdf (zuletzt abgerufen am 24. Juli 2023)

9 LinkedIn Tim Höttges. Online verfügbar unter: https://www.linkedin.com/posts/timhöttges_liebe-followerinnen-und-follower-noch-nie-activity-6908077831646294016-m3Uv/ (zuletzt abgerufen am 24. Juli 2023)

10 LinkedIn Tim Höttges. Online verfügbar unter: https://www.linkedin.com/in/timhöttges/?originalSubdomain=de (zuletzt abgerufen am 24. Juli 2023)

11 Jan Zier. Zwei Firmenchefs segeln mit der ARC über den Atlantik. Yacht.de, 9. März 2023. Online verfügbar unter: https://www.yacht.de/special/menschen/interview-zwei-firmenchefs-segeln-mit-der-arc-ueber-den-atlantik/ (zuletzt abgerufen am 24. Juli 2023)

12 Nicola Karnick. »Ich finde es durchaus angenehm, im Hintergrund zu arbeiten«. Text und Position, 22. Juni 2022. Online verfügbar unter: https://textundposition.de/interview-henrik-schmitz (zuletzt abgerufen am 24. Juli 2023)

13 TikTok @ deutschetelekom. Unboxing TPhone Pro. Online verfügbar unter: https://www.tiktok.com/@deutschetelekom/video/7192152633501650182 (zuletzt abgerufen am 24. Juli 2023)

14 Tim Höttges. Anpacken! Warum wir bürgerliches Engagement brauchen. LinkedIn, 3. September 2018. Online verfügbar unter: https://www.linkedin.com/pulse/kunst-oder-krempel-warum-wir-bürgerliches-engagement-brauchen-tim/?originalSubdomain=de (zuletzt abgerufen am 24. Juli 2023)

15 LHH. Welche Eigenschaften hat ein CEO der Generation Z?. Online verfügbar unter: https://www.lhh.com/de/de/blog/ceo-der-generation-z/ (zuletzt abgerufen am 24. Juli 2023)

16 Bloom Content Team. Marketing to Gen-Z: How to capture the next generation's attention. Bloom, 22. Dezember 2022. Online verfügbar unter: https://www.bloomltd.co.uk/post/marketing-to-gen-z-how-to-capture-the-next-generation-s-attention (zuletzt abgerufen am 24. Juli 2023)

17 Moritz Hackl. Irgendwie wurde ihm der Tod in die Wiege gelegt. Süddeutsche Zeitung, 9. März 2023, Nr. 57. S. 8.

18 FTI Consulting. Leading from the Front: The Social CEO Goes Mainstream. 2022. Online verfügbar unter: https://fticommunications.com/wp-content/uploads/2022/06/FTI-Social-CEO-2022.pdf (zuletzt abgerufen am 24. Juli 2023)

19 Richard Schäli. So tickt die GenZ – behauptet sie zumindest selbst. Gründerszene, 17. August 2022. Online verfügbar unter: https://www.businessinsider.de/gruenderszene/perspektive/so-tickt-die-gen-z-behauptet-sie-zumindest-selbst/ (zuletzt abgerufen am 24. Juli 2023)

20 LinkedIn Alexandra Wang. Online verfügbar unter: https://www.linkedin.com/posts/mengyaowang11_innovation-technology-activity-6854003054161760256-sfQR/?trk=public_profile_like_view&originalSubdomain=de (zuletzt abgerufen am 24. Juli 2023)

21 Jung von Matt. »Die Generation Z bringt neue Spielregeln mit«, persoenlich.com, 16. Oktober 2022. Online verfügbar unter: https://www.persoenlich.com/kategorie-werbung/die-generation-z-bringt-neue-spielregeln-mit (zuletzt abgerufen am 24. Juli 2023)

22 LinkedIn Jo Dietrich. Online verfügbar unter: https://www.linkedin.com/in/jo-dietrich/recent-activity/shares/ (zuletzt abgerufen am 24. Juli 2023)

23 Jannik Deters. Der Forderungskatalog der Generation Z an Unternehmen. Wirtschaftswoche, 19. August 2022. Online verfügbar unter: https://www.wiwo.de/erfolg/trends/neuerscheinung-gen-z-fuer-entscheider-innen-der-forderungskatalog-der-generation-z-an-unternehmen/28611092.html (zuletzt abgerufen am 24. Juli 2023)

24 Lewis. Neue globale Studie: Generation Z und die Zukunft des Arbeitslebens. 27. Mai 2021. Online verfügbar unter: https://www.teamlewis.com/de/magazin/neue-globale-studie-generation-z-und-die-zukunft-des-arbeitslebens/ (zuletzt abgerufen am 24. Juli 2023)

25 Thomas Würzburger. DIE »JA, ABER« GENERATION Z. Dr. Thomas Würzburger, 10. Dezember 2017. Online verfügbar unter: https://thomaswuerzburger.com/single-post/2017/12/10/Die-%E2%80%9EJa-aber%E2%80%9C-Generation-Z (zuletzt abgerufen am 24. Juli 2023)

26 Matthias Schmidt-Stein. Als CEO in Elternzeit – geht das? Personalwirtschaft, 26. September 2022. Online verfügbar unter: https://www.personalwirtschaft.de/news/hr-organisation/als-ceo-in-elternzeit-geht-das-142742/ (zuletzt abgerufen am 24. Juli 2023)

27 Kommentar auf LinkedIn. Online verfügbar unter: https://www.linkedin.com/posts/tom-yamaoka-ba8052101_job-employerbranding-arbeitgeber-activity-7032005325280923652-hrlk/?trk=public_profile_like_view (zuletzt abgerufen am 24. Juli 2023)

28 Mary Park, Amanda Taylor. Kamala Harris' Stepdaughter Ella Emhoff on Being Deemed a Fashion »Icon«: »It's Kind of Shocking«. People, 11. September 2022. Online verfügbar unter: https://people.com/style/kamala-harris-stepdaughter-ella-emhoff-on-being-deemed-fashion-icon-its-kind-of-shocking/ (zuletzt abgerufen am 24. Juli 2023)

29 Haseborg, V. ter. Suse-Chefin Melissa Di Donato: »Ich möchte die Welt verändern«. Wirtschaftswoche, 28. Oktober 2021. Online verfügbar unter: https://www.wiwo.de/technologie/digitalisierung-der-wirtschaft/suse-chefin-melissa-di-donato-ich-moechte-die-welt-veraendern/27746168.html (zuletzt abgerufen am 24. Juli 2023)

30 LinkedIn Melissa Di Donato. Online verfügbar unter: https://www.linkedin.com/pulse/three-things-i-have-learned-my-first-year-ceo-suse-melissa-di-donato/?originalSubdomain=de (zuletzt abgerufen am 24. Juli 2023)

31 Twitter Melissa Di Donato, 28. Februar 2023. Online verfügbar unter: https://twitter.com/mdidonato1?ref_src=twsrc%5Egoogle%7Ctwcamp%5Eserp%7Ctwgr%5Eauthor (zuletzt abgerufen am 24. Juli 2023)

32 Ginni Rometty, Raju Narisetti. Author Talks: IBM's Ginni Rometty on leading with ›good power‹. McKinsey & Company, 10. März 2023. Online verfügbar unter: https://www.mckinsey.com/featured-insights/mckinsey-on-books/author-talks-how-ibms-ginni-rometty-leads-with-good-power (zuletzt abgerufen am 24. Juli 2023)

33 BRAND FINANCE GLOBAL 500 2023. Tech downturn slashes billions from value of world's most valuable brands. Online verfügbar unter: https://brandirectory.com/rankings/global/ (zuletzt abgerufen am 24. Juli 2023)

34 Josh Steimle. Why Writing a Book Is the Most Powerful Step In Becoming a Thought Leader. Entrepreneur, 6. Mai 2021. Online verfügbar unter: https://www.entrepreneur.com/author/joshua-steimle (zuletzt abgerufen am 24. Juli 2023)

35 Wilma Fasola. »Niemand hat so großen Einfluss auf die Unternehmenskultur wie ich als CEO«. GetAbstract. Online verfügbar unter: https://journal.getabstract.com/de/2021/04/26/niemand-hat-so-grossen-einfluss-auf-die-unternehmenskultur-wie-ich-als-ceo/ (zuletzt abgerufen am 24. Juli 2023)

36 Bob Iger. Vermächtnis eines Lebens: Meine Erfolgsprinzipien aus 15 Jahren an der Spitze von Walt Disney. Finanzbuchverlag, 2020

37 Ebd.

38 Kai Zimmermann. The Ride of a Lifetime von Robert Iger. 40iron, 23. November 2020. Online verfügbar unter: https://www.40iron.de/rezensionen/the-ride-of-a-lifetime/ (zuletzt abgerufen am 24. Juli 2023)

39 Bob Iger. Vermächtnis eines Lebens: Meine Erfolgsprinzipien aus 15 Jahren an der Spitze von Walt Disney. Finanzbuchverlag, 2020. S. 145

40 Wikipedia Bob Iger. Online verfügbar unter: https://en.wikipedia.org/wiki/Bob_Iger (zuletzt abgerufen am 24. Juli 2023)

41 Luca Schallenberger, Artikel im „Business-Insider" vom 25. Februar 2022. Online verfügbar unter: https://www.businessinsider.de/wirtschaft/diese-unternehmerin-will-mit-21-jahren-aufsichtsraetin-werden-erste-angebote-hat-sie-bereits-bekommen-p2/ (zuletzt abgerufen am 24. Juli 2023)

42 LinkedIn. Beitrag von Yaël Meier. Online verfügbar unter: https://de.linkedin.com/posts/yael-meier_ich-bin-22-und-wieder-schwanger-das-ver%C3%A4ndert-activity-7018473635593994240-jH7a (zuletzt abgerufen am 24. Juli 2023)

43 LinkedIn. Beitrag von Jo Dietrich. Online verfügbar unter: https://www.linkedin.com/posts/jo-dietrich_ich-entschuldige-mich-dafür-vater-zu-sein-activity-7019561955887587328-ay4M?utm_source=share&utm_medium=member_ios (zuletzt abgerufen am 24. Juli 2023)

44 EY. Is Gen Z the spark we need to see the light? 2021 Gen Z segmentation study. S. 38. Online verfügbar unter: https://assets.ey.com/content/dam/ey-sites/ey-com/en_us/topics/consulting/ey-2021-genz-segmentation-report.pdf (zuletzt abgerufen am 24. Juli 2023)

45 KarriereTutor. New Work zwischen Work-Life-Blending und Work-Life-Separation. Online verfügbar unter: https://blog. karrieretutor.de/new-work/new-work-zwischen-work-life-blending-und-work-life-separation/ (zuletzt abgerufen am 24. Juli 2023)

46 Angelika Slavik. Arbeitswelt: Kann man Berufliches und Privates überhaupt trennen? Süddeutsche Zeitung, 13. November 2019. Online verfügbar unter: https://www.sueddeutsche.de/karriere/arbeit-privatsphaere-kollegen-kultur-1.4663953 (zuletzt abgerufen am 24. Juli 2023)

47 Ebd.

48 Stefan Stahl. Telekom-Chef appelliert an Beschäftigte: Kommt zurück in die Büros. Augsburger Allgemeine. 21. August 2022. Online verfügbar unter: https://www.augsburger-allgemeine.de/wirtschaft/exklusiv-telekom-chef-appelliert-an-beschaeftigte-kommt-zurueck-in-die-bueros-id63628691.html (zuletzt abgerufen am 24. Juli 2023)

49 Jennifer Wiebking. Eben noch jung gewesen. 14. Januar 2023. Online verfügbar unter: https://www.faz.net/aktuell/stil/mode-design/wie-tatjana-patitz-als-model-die-ewige-jugend-verkoerperte-18600032.html (zuletzt abgerufen am 24. Juli 2023)

50 Ralf Dobelli. Wir Unauthentischen. Neue Zürcher Zeitung, 29. Juli 2017. Online verfügbar unter: https://www.nzz.ch/feuilleton/die-kunst-des-guten-lebens/die-kunst-des-guten-lebens-wir-unauthentischen-ld.1308362?reduced=true (zuletzt abgerufen am 24. Juli 2023)

51 Klemens Handke. »Da ist Blut gespritzt«: Wie es Hildegard Wortmann mit harten Führungsmethoden in den VW-Vorstand geschafft hat. Business Insider, 29. Juli 2022. Online verfügbar unter: https://www.businessinsider.de/wirtschaft/mobility/da-ist-blut-gespritzt-wie-es-hildegard-wortmann-mit-harten-fuehrungsmethoden-in-den-vw-vorstand-geschafft-hat-d/ (zuletzt abgerufen am 24. Juli 2023)

52 Hildegard Wortmann. Vorsprung ist der Erfolg von morgen. Handelsblatt, 12. Juli 2021

53 LinkedIn Hildegard Wortmann. Online verfügbar unter: https://www.linkedin.com/today/author/hildegard-wortmann (zuletzt abgerufen am 24. Juli 2023)

54 Oscar Duberg. How CEO Branding Can Amplify Your Company Brand. Frontify. Online verfügbar unter: https://www.frontify.com/de/building-brands-beyond-marketing/How-to-Turn-Your-CEO-into-Your-Brands-Voice/ (zuletzt abgerufen am 24. Juli 2023)

55 Sabine Nedelchev. Lady of the Rings. ELLE, Februar 2023. S. 56–59

56 Hildegard Wortmann. Audi charging hubs: fast charging in urban areas. LinkedIn, 25. November 2022. Online verfügbar unter: https://www.linkedin.com/pulse/audi-charging-hubs-fast-urban-areas-hildegard-wortmann?trk=public_profile_article_view (zuletzt abgerufen am 24. Juli 2023)

57 Theresa Atzl, Michael Graßl. Gefühle, Meinung, Italien-Urlaub: Wie DAX-CEOs als Corporate Influencer auf dem Sozialen Netzwerk LinkedIn kommunizieren. Communicatio Socialis. 55 (15. März 2022). S. 104–117. Online verfügbar unter: https://edoc.ku.de/id/eprint/29853/ (zuletzt abgerufen am 24. Juli 2023)

58 Erin Meyer über Kommunikation. Interview: Johanna Aderján. Süddeutsche Zeitung, 21./22. Januar 2023, Nr. 17, S. 50

59 Hella Schneider. Hildegard Wortmann: Die Audi-Vorständin über Elektromobilität, Quoten und Gendern. Vogue, 6. Dezember 2021. Online verfügbar unter: https://www.vogue.de/lifestyle/artikel/hildegard-wortmann-audi-vorstaendin-elektromobilitat-frauenquote-gendern-interview (zuletzt abgerufen am 24. Juli 2023)

60 S. Scheuer, Microsoft: An diesen Zukunftstechnologien arbeitet der Konzern. Handelsblatt, 5. Januar 2023. Online verfügbar unter: https://www.handelsblatt.com/technik/it-internet/microsoft-an-diesen-zukunftstechnologien-arbeitet-der-konzern-/28855194.html (zuletzt abgerufen am 24. Juli 2023)

61 Wikipedia. Entscheidung unter Ungewissheit. Online verfügbar unter: https://de.wikipedia.org/wiki/Entscheidung_unter_Ungewissheit#cite_note-2 (zuletzt abgerufen am 24. Juli 2023)

62 N. Howe. Data protection Day 2023: KI führt zum Kontrollverlust von Informationen im Internet, 24. Januar 2023. Online verfügbar unter: https://www.infopoint-security.de/data-protection-day-2023-ki-fuehrt-zum-kontrollverlust-von-informationen-im-internet/a33227/ (zuletzt abgerufen am 24. Juli 2023)

63 J. Schmidt. Wer hat Angst vor der KI? 16. Dezember 2022: https://www.nd-aktuell.de/artikel/1169405.chat-gpt-wer-hat-angst-vor-der-ki.html (zuletzt abgerufen am 24. Juli 2023)

64 S. Rebbe. Liebes ChatGPT, mir machst du Angst! 24. Januar 2023. Online verfügbar unter: https://www.horizont.net/agenturen/kommentare/kuenstliche-intelligenz-liebes-chat-gpt-mir-machst-du-angst-205627 (zuletzt abgerufen am 24. Juli 2023)

65 Satya Nadella (2018). Hit Refresh. Wie Microsoft sich neu erfunden hat und die Zukunft verändert. Kulmbach: Börsenmedien.

66 Satya Nadella on How ChatGPT is Helping Villagers in India. World Economic Forum, 24. Januar 2023. Online verfügbar unter: https://www.weforum.org/videos/satya-nadella-on-how-chatgpt-is-helping-villagers-in-india (zuletzt abgerufen am 24. Juli 2023)

67 Florian Naumann. Wolodymyr Selenskyj: Aus der Sitcom ins Präsidenten-Amt – »Charisma« als Schlüssel-Waffe im Ukraine-Krieg? Merkur.de, 20. März 2022. Online verfügbar unter: https://www.merkur.de/politik/wolodymyr-selenskyj-ukraine-praesident-konflikt-russland-putin-donbass-oligarchen-sitcom-diener-volkes-91364450.html (zuletzt abgerufen am 24. Juli 2023)

68 Harald Stutte. Selenskyjs Heldennarrativ droht die Abnutzung. RND, 10. September 2022. Online verfügbar unter: https://www.rnd.de/politik/wissenschaftler-selenskyjs-helden-narrativ-droht-im-westen-abnutzung-MPCYXIW4FFD6XPCR4VBDUZWGHE.html (zuletzt abgerufen am 24. Juli 2023)

69 Karen Krüger. Wie man den Infokrieg gewinnt. FAZ, 27. März 2022. Online verfügbar unter: https://www.faz.net/aktuell/feuilleton/debatten/selenskyjs-videobotschaften-neues-genre-politischer-kommunikation-17908876.html (zuletzt abgerufen am 24. Juli 2023)

70 Harald Stutte. Selenskyjs Heldennarrativ droht die Abnutzung. RND, 10. September 2022. Online verfügbar unter: https://www.rnd.de/politik/wissenschaftler-selenskyjs-helden-narrativ-droht-im-westen-abnutzung-MPCYXIW4FFD6XPCR4VBDUZWGHE.html (zuletzt abgerufen am 24. Juli 2023)

71 Sabina Matthay. Krieg der Worte. RBB24. Online verfügbar unter: https://www.inforadio.de/dossier/2022/ukraine-krise/interviews/ukraine-russland-krieg-informationskrieg-kommunikation-bernhard-poerksen.html (zuletzt abgerufen am 24. Juli 2023)

72 Yuval Noah Harari. Eine kurze Geschichte der Menschheit. Pantheon Verlag, 2015. S. 37

73 Susanne Mathony. Jaywalking im Consulting: Seien Sie smarter als Ihre Wettbewerber. Consulting.de, 19. Januar 2023. Online verfügbar unter: https://www.consulting.de/artikel/jaywalking-im-consulting-seien-sie-smarter-als-ihre-wettbewerber/ (zuletzt abgerufen am 24. Juli 2023)

74 Georg Mascolo. Olaf Scholz. Lasst ihn grübeln. Süddeutsche Zeitung, 3. Februar 2023, Nr. 28, S. 4

75 Jacob Poushter, Aidan Connaughton. Zelenskyy inspires widespread confidence from U.S. public as views of Putin hit new low. Pew Research Center, 30. März 2022. Online verfügbar unter: https://www.pewresearch.org/fact-tank/2022/03/30/zelenskyy-inspires-widespread-confidence-from-u-s-public-as-views-of-putin-hit-new-low/ (zuletzt abgerufen am 24. Juli 2023)

76 Full Transcript of Zelensky's Speech Before Congress. The New York Times, 21. Dezember 2022. Online verfügbar unter: https://www.nytimes.com/2022/12/21/us/politics/zelensky-speech-transcript.html (zuletzt abgerufen am 24. Juli 2023)

77 Youtube. Theranos Elizabeth Holmes Ted Talk Full, Youtube. Online verfügbar unter: https://www.youtube.com/watch?v=SX7ec3uDlhs (zuletzt abgerufen am 24. Juli 2023)

78 Matthew Herper: From $4.5 Billion To Nothing: Forbes Revises Estimated Net Worth of Theranos Founder Elizabeth Holmes. Forbes. 1. Juni 2016. Online verfügbar unter: https://www.forbes.com/sites/matthewherper/2016/06/01/from-4-5-billion-to-nothing-forbes-revises-estimated-net-worth-of-theranos-founder-elizabeth-holmes/?sh=7a003e253633#:~:text=Last%20year%2C%20Elizabeth%20Holmes%20topped,net%20worth%20of%20%244.5%20billion (zuletzt abgerufen am 24. Juli 2023).

79 Youtube. Theranos Elizabeth Holmes Ted Talk Full, Youtube. Online verfügbar unter: https://www.youtube.com/watch?v=SX7ec3uDlhs (zuletzt abgerufen am 24. Juli 2023)

80 Felicia Hou. Elizabeth Holmes' handwritten note says a lot about how she believed she had to present herself as a CEO. Fortune, 2. Dezember, 2021. Online verfügbar unter: https://fortune.com/2021/12/02/elizabeth-holmes-handwritten-note/ (zuletzt abgerufen am 24. Juli 2023)

81 Georg Haas. Bis zu 20 Jahre Haft: Theranos-Gründerin Elizabeth Holmes' Gerichtsverfahren beginnt. Trending Topics, 31. August 2021. Online verfügbar unter: https://www.trendingtopics.eu/bis-zu-20-jahre-haft-theranos-gruenderin-elizabeth-holmes-gerichtsverfahren-beginnt/ (zuletzt abgerufen am 24. Juli 2023)

82 Yaniv Hanoch, Stacey Wood. Commentary: Why the rich and famous get scammed more often than you. CNA, 5. Februar 2023. Online verfügbar unter: https://www.channelnewsasia.com/commentary/scams-fraud-rich-famous-celebrities-overconfidence-elizabeth-homes-ftx-3251596 (zuletzt abgerufen am 24. Juli 2023)

83 Janne Knödler. Die Heldin, die das Silicon Valley verdiente. Süddeutsche Zeitung, 4. April 2019. Online verfügbar unter: https://www.sueddeutsche.de/medien/elizabeth-holmes-theranos-hbo-inventor-john-carreyrous-bad-blood-rezension-silicon-valley-1.4395520 (zuletzt abgerufen am 24. Juli 2023)

84 EQS Editorial Team. Elizabeth Holmes und der Fall Theranos: Geschichte eines Betrugsskandals. Integrity Line, 2. Dezember 2022. Online verfügbar unter: https://www.integrityline.com/de/knowhow/blog/elizabeth-holmes-theranos/ (zuletzt abgerufen am 24. Juli 2023)

85 Jonathan Gottschall. Theranos and the Dark Side of Storytelling. Harvard Business Review, 18. Oktober 2016. Online verfügbar unter: https://hbr.org/2016/10/theranos-and-the-dark-side-of-storytelling (zuletzt abgerufen am 24. Juli 2023)

86 Forschung & Lehre. Die eigene Forschung als Geschichte verpackt? 4. Januar 2019. Online verfügbar unter: https://www.forschung-und-lehre.de/zeitfragen/die-eigene-forschung-als-geschichte-verpackt-1387 (zuletzt abgerufen am 24. Juli 2023)

87 Vanessa Friedman. The Verdict of the Elizabeth Holmes Trial Makeover. New York Times, 17. Dezember 2021. Online verfügbar unter: https://www.nytimes.com/2021/12/17/style/elizabeth-holmes-trial-makeover.html (zuletzt abgerufen am 24. Juli 2023)

88 Malte Mansholt. Apple-CEO Tim Cook: »Ich wusste, dass ich nicht Steve sein kann«. Capital, 10. April 2023. Online verfügbar unter: https://www.capital.de/karriere/tim-cook---ich-wusste--dass-ich-nicht-steve-sein-kann---33355420.html (zuletzt abgerufen am 24. Juli 2023)

89 Twitter Tim Cook, 28. Januar 2022. Online verfügbar unter: https://twitter.com/tim_cook/status/1487100529251520512?lang=de (zuletzt abgerufen am 24. Juli 2023)

90 Patrick Pendiuk. Boss wagt den modischen Neustart mit nur drei Farben. Vogue, 15. Februar 2022. Online verfügbar unter: https://www.vogue.de/mode/artikel/boss-fruehjahr-sommer-2022-kollektion (zuletzt abgerufen am 24. Juli 2023)

91 Keylens. The Mindset of Luxury Consumers. Kompetenzprojekt 2022, S. 4. Online verfügbar unter: https://keylens.com/wp-content/uploads/2022/05/KEYLENS-Kompetenzprojekt-Luxus-2022-The-Mindsets-of-Luxury-Consumers.pdf (zuletzt abgerufen am 24. Juli 2023)

92 Sabine von Fischer, Simon Tanner. Hugo-Boss-CEO Daniel Grieder: »Das grösste Problem der Modebranche ist, dass wir zu viel Abfall produzieren«. NZZ, 6. Dezember 2021. Online verfügbar unter: https://www.nzz.ch/feuilleton/hugo-boss-ceo-daniel-grieder-bequem-knitterfrei-wasserabweisend-das-ist-der-anzug-der-zukunft-ld.1658032 (zuletzt abgerufen am 24. Juli 2023)

93 LinkedIn Daniel Grieder. Online verfügbar unter: https://ch.linkedin.com/posts/daniel-grieder_boss-activity-6918146792903565312-XNv0?trk=public_profile_like_view (zuletzt abgerufen am 24. Juli 2023)

94 Team Lewis. Neue globale Studie: Generation Z und die Zukunft des Arbeitslebens. 27. Mai 2021. Online verfügbar unter: https://www.teamlewis.com/de/magazin/neue-globale-studie-generation-z-und-die-zukunft-des-arbeitslebens/ (zuletzt abgerufen am 24. Juli 2023)

95 Unternehmen OWL. Generation Z hat den Bullshit-Detektor. 21. Juni 2021. Online verfügbar unter: https://www.unternehmen-owl.de/generation-z-hat-den-bullshit-detektor/ (zuletzt abgerufen am 24. Juli 2023)

96 Daniel Grieder »Kreativität ist die wichtigste Ressource«. Style in progress 2/2021. Online verfügbar unter: https://issuu.com/style-in-progress/docs/style_in_progress_2_2021_deutsche_ausgabe/s/12763068 (zuletzt abgerufen am 24. Juli 2023)

97 Martin Krause. Die Gen Z legt Wert auf Nachhaltigkeit beim Einkauf – und bei der Bundestagswahl. PWC, 22. September 2021. Online verfügbar unter: https://www.pwc.de/de/pressemitteilungen/2021/die-gen-z-legt-wert-auf-nachhaltigkeit-beim-einkauf-und-bei-der-bundestagswahl.html (zuletzt abgerufen am 24. Juli 2023)

98 McCann World Group. Truth about Gen Z. Online verfügbar unter: https://truthaboutgenz.mccannworldgroup.com/p/1 (zuletzt abgerufen am 24. Juli 2023)

99 PwC. Gen Z is talking. Are you listening? Online verfügbar unter: https://www.pwc.de/de/handel-und-konsumguter/gen-z-is-talking-are-you-listening.pdf (zuletzt abgerufen am 24. Juli 2023)

100 LinkedIn Daniel Grieder. Online verfügbar unter: https://www.linkedin.com/feed/update/urn:li:activity:7029158111235964928/ (zuletzt abgerufen am 24. Juli 2023)

101 Daniel Jungblut. Vertrauensvorschuss mit Empathie aufbauen. KOM Magazin für Kommunikation, 5. Mai 2022. Online verfügbar unter: https://www.kom.de/krisenkommunikation/vertrauensvorschuss-mit-empathie-aufbauen/ (zuletzt abgerufen am 24. Juli 2023)

102 Edelman. The Trust 10. Online verfügbar unter: https://www.edelman.com/sites/g/files/aatuss191/files/2022-01/Trust%2022_Top10.pdf (zuletzt abgerufen am 24. Juli 2023)

103 Stephan Huber. Daniel Grieder | We love Fashion! We change Fashion! Style in progress, 7. Juli 2021. Online verfügbar unter: https://www.style-in-progress.com/homepage/daniel-grieder-we-love-fashion/ (zuletzt abgerufen am 24. Juli 2023)

104 Dell Technologies. Elevating the voice of Gen Z to shape the economies of tomorrow. Online verfügbar unter: https://www.delltechnologies.com/genz (zuletzt abgerufen am 24. Juli 2023)

105 Website Ben Francis. Online verfügbar unter: https://www.benfrancis.com/business/about/ (zuletzt abgerufen am 24. Juli 2023)

106 Saygin Yalçin: Businessman? Or social media superstar? Online verfügbar unter: https://www.esquireme.com/brief/business/23510-saygin-yalcin-businessman-or-social-media-superstar (zuletzt abgerufen am 24. Juli 2023)

107 Giacomo Tognini. From Bodybuilder To Billionaire: How Gymshark Founder Ben Francis Built A Sportswear Unicorn. Forbes, 5. April 2023. Online verfügbar unter: https://www.forbes.com/sites/giacomotognini/2023/04/05/from-bodybuilder-to-billionaire-how-gymshark-founder-ben-francis-built-a-sportswear-unicorn/?sh=2c8e125c2ab0 (zuletzt abgerufen am 24. Juli 2023)

108 Ebd.

109 LinkedIn Dr. med. Mareike Awe. Online verfügbar unter: https://www.linkedin.com/posts/dr-med-mareike-awe_femalefounder-business-mompreneur-activity-6985478918124269569-SqiN/?originalSubdomain=de (zuletzt abgerufen am 24. Juli 2023)

110 Saygin Yalçin: Businessman? Or social media superstar? Online verfügbar unter: https://www.esquireme.com/brief/business/23510-saygin-yalcin-businessman-or-social-media-superstar (zuletzt abgerufen am 24. Juli 2023)

111 LinkedIn Dr. med. Mareike Awe. Online verfügbar unter: https://www.linkedin.com/posts/dr-med-mareike-awe_femalefounder-business-mompreneur-activity-6985478918124269569-SqiN/?originalSubdomain=de (zuletzt abgerufen am 24. Juli 2023)

112 Website Mareike Awe. Online verfügbar unter: https://www.mareikeawe.de/ueber-mich/ (zuletzt abgerufen am 24. Juli 2023)

113 Jason Buckland. Ben Francis, Noel Mack on Giving the Gymshark Community What It Needs Now. Shopify, 9. April 2020. Online verfügbar unter: https://www.shopify.com/enterprise/ben-francis-noel-mack-on-giving-the-gymshark-community-what-it-needs-now (zuletzt abgerufen am 24. Juli 2023)

114 David Solomon Net Worth. Wallmine, 1. November 2022. Online verfügbar unter: https://de.wallmine.com/people/51194/david-m-solomon (zuletzt abgerufen am 24. Juli 2023)

115 DJ D-Sol – Electric (feat. Hayley May) [Official Audio]. Online verfügbar unter: https://www.youtube.com/watch?v=h8CpTvR2nMQ (zuletzt abgerufen am 24. Juli 2023)

116 Rachel Siegel. Meet DJ D-Sol: the electronic music artist who might soon lead Goldman Sachs. Washington Post, 15. März 2018. Online verfügbar unter. https://www.washingtonpost.com/news/business/wp/2018/03/15/meet-dj-d-sol-the-electronic-music-artist-who-might-soon-lead-goldman-sachs/ (zuletzt abgerufen am 24. Juli 2023)

117 Emily Flitter, Katherine Rosman. The Blurred Lines between Goldman CEO's Day Job and his D.J. Gig. New York Times, 10. Februar 2023. Online verfügbar unter: https://www.nytimes.com/2023/02/05/business/david-solomon-dj-goldman-sachs.html (zuletzt abgerufen am 24. Juli 2023)

118 Bankboss als DJ D-Sol. Goldman-Sachs-Chef hat Ärger nach Promi-Party. manager magazin, 29. Juli 2020. Online verfügbar unter: https://www.manager-magazin.de/unternehmen/dj-sol-hat-aerger-nach-promi-party-a-c4a5091c-f30a-43d3-88e8-bd1a7f1c1708 (zuletzt abgerufen am 24. Juli 2023)

119 Anna Papadopoulos. The World's Most Influential CEOs And Business Executives Of 2023. CEO World Magazine, 17. März 2023. Online verfügbar unter: https://ceoworld.biz/2023/03/17/the-worlds-most-influential-ceos-and-business-executives-of-2023/ (zuletzt abgerufen am 24. Juli 2023)

120 Der Magaziniker-Podcast. So klappt das CEO-Interview. Magafon, 7. Juni 2022. Online verfügbar unter: https://magafon.podigee.io/7-ceo-interviews-fur-die-interne-kommunikation (zuletzt abgerufen am 24. Juli 2023)

121 Cision. Die Positionierung von CEOs im Boom-Medium Podcasts. Online verfügbar unter: https://www.cision.de/ressourcen/best-practice/tipps/ceos-in-podcasts-formate-und-themen/ (zuletzt abgerufen am 24. Juli 2023)

122 Manuela Schreckenbach. CEOs in Podcasts: Wo und mit welchen Themen sind sie aktiv? PR Journal, 22. Juli 202. Online verfügbar unter: https://www.pr-journal.de/nachrichten/unternehmen/27292-ceos-in-podcasts-wo-und-mit-welchen-themen-sind-sie-aktiv.html (zuletzt abgerufen am 24. Juli 2023)

123 Courtesy Spotify's »For The Record« Blog Ford CEO, Jim Farley, Launches Spotify Podcast »Drive«. Ford Performance, 19. Mai 2022. Online verfügbar unter: https://performance.ford.com/enthusiasts/media-room/2022/5/jim-farley-drive-podcast.html (zuletzt abgerufen am 24. Juli 2023)

124 Petra Schwegler. Der Podcast: Profile und Prognosen. #MTM23, 29. November 2022 Online verfügbar unter: https://blog.medientage.de/so-klingt-die-zukunft-des-podcasts (zuletzt abgerufen am 24. Juli 2023)

125 OnQ Team. MUST WATCH: Cristiano Amon on the Lex Fridman podcast [video]. OnQ Blog, 5. Mai 2022. Online verfügbar unter: https://www.qualcomm.com/news/onq/2022/05/must-watch-cristiano-amon-lex-fridman-podcast (zuletzt abgerufen am 24. Juli 2023)

126 David Adler. Lex Fridman Podcast: A Look at the popularity and influence of the podcast. Net Influencer, 22. November 2022. Online verfügbar unter: https://www.netinfluencer.com/lex-fridman-podcast/ (zuletzt abgerufen am 24. Juli 2023)

127 Reviews for Lex Fridman Podcasts. Online verfügbar unter: https://www.podparadise.com/Podcast/Reviews/1434243584 (zuletzt abgerufen am 24. Juli 2023)

128 Die perfekte Podcast-Länge [Mit Zahlen]. Soundbett, 20. September 2022. Online verfügbar unter: https://www.soundbett.de/guide/perfekte-podcast-laenge (zuletzt abgerufen am 24. Juli 2023)

129 Fabian Schrumm. Wie viel Potenzial steckt noch im Podcast-Markt? Medien Insider, 20. Dezember 2022. Online verfügbar unter: https://medieninsider.com/wie-viel-potenzial-steckt-noch-im-podcast-markt/14353/ (zuletzt abgerufen am 24. Juli 2023)

130 Jens Priwitzer. Podcasts: Mit der Zielgruppe am Küchentisch. Performics, 18. November 2019. Online verfügbar unter: https://performics.de/blog/podcasts-mit-der-zielgruppe-am-kuechentisch/ (zuletzt abgerufen am 3. April 2023)

131 Podcast Host vs. Podcast Guest: which strategy is right for you? Online verfügbar unter: https://witandwire.com/podcast-host-vs-podcast-guest/ (zuletzt abgerufen am 3. April 2023)

132 Lex Fridman. Guest Requests (2023). Reddit. Online verfügbar unter: https://www.reddit.com/r/lexfridman/comments/zn8noh/guest_requests_2023_post_them_here/ (zuletzt abgerufen am 3. April 2023)

133 Der Magaziniker-Podcast. So klappt das CEO-Interview. Magafon, 7. Juni 2022. Online verfügbar unter: https://magafon.podigee.io/7-ceo-interviews-fur-die-interne-kommunikation (zuletzt abgerufen am 30. März 2023)

134 Bremen Zwei. War's das? Mit Maren Kroymann. Online verfügbar unter: https://www.ardaudiothek.de/sendung/war-s-das-mit-maren-kroymann/10640931/ (zuletzt abgerufen am 24. Juli 2023)

135 David Curry. Reddit Revenue and Usage Statistics (2023). Business of Apps, updated: 9. Januar 2023. Online verfügbar unter: https://www.businessofapps.com/data/reddit-statistics/#:~:text=A%20year%20after%20launch%2C%20 Reddit,subsidiary%20a%20few%20years%20later (zuletzt abgerufen am 24. Juli 2023)

136 Richard Otsuki. Reddit-Gründer: »Viele Menschen leben bereits im Metaversum«. Finews.ch, 23. März 2022. Online verfügbar unter: https://auroraprize.com/en/alexis-ohanian (zuletzt abgerufen am 24. Juli 2023)

137 Ebd.

138 Debkinkar Maity. NBA Legend Chris Bosh Reacts to Serena Williams' Husband's Advocation for Paternal Leaves. Essentially Sports, 21. Januar 2022. Online verfügbar unter: https://www.essentiallysports.com/wta-tennis-nba-news-nba-legend-chris-bosh-reacts-to-serena-williams-husbands-advocation-for-paternal-leaves/ (zuletzt abgerufen am 24. Juli 2023)

139 Ben Tracy, Analisa Novak. Reddit co-founder Alexis Ohanian turns his focus to climate solutions. CBS News, 19. April 2023. Online verfügbar unter: https://www.cbsnews.com/news/reddit-co-founder-alexis-ohanian-new-mission-fund-climate-innovators-776-foundation/ (zuletzt abgerufen am 24. Juli 2023)

140 Website 776 Foundation. Online verfügbar unter: https://www.776.org (zuletzt abgerufen am 24. Juli 2023)

141 Instagram alexisohanian, 29. März 2023. Online verfügbar unter: https://www.instagram.com/p/CqWZBXujbvX/ (zuletzt abgerufen am 24. Juli 2023)

142 Sarah Todd. »Resignation can be an act of leadership«: Why Alexis Ohanian gave up his Reddit board seat. Quartz, 6. Juni 2020. Online verfügbar unter: https://qz.com/work/1865415/alexis-ohanian-leaves-reddit-board-to-make-space-for-a-black-voice (zuletzt abgerufen am 24. Juli 2023)

143 Jackie Willis. Reddit Replaces Alexis Ohanian With First Black Board Member. ET, 10. Juni 2020. Online verfügbar unter: https://www.etonline.com/reddit-replaces-alexis-ohanian-with-first-black-board-member-147904 (zuletzt abgerufen am 24. Juli 2023)

144 Ben Tracy, Analisa Novak. Reddit co-founder Alexis Ohanian turns his focus to climate solutions. CBS News, 19. April 2023.

Online verfügbar unter: https://www.cbsnews.com/news/ reddit-co-founder-alexis-ohanian-new-mission-fund-climate-innovators-776-foundation/ (zuletzt abgerufen am 24. Juli 2023)

145 Ruth Jahn. »Das Gehirn liebt Gewohnheiten.« Sanitas. Online verfügbar unter: https://www.sanitas.com/de/magazin/ zusammenleben-heute/das-gehirn-liebt-gewohnheiten.html (zuletzt abgerufen am 24. Juli 2023)

146 Jim Joseph. Consistency Is King, Queen and All the Aces in the Game of Branding Without consistency, you don't have a brand. At least not in my book! Entrepreneur, 1. Juni 2016. Online verfügbar unter: https://www.entrepreneur.com/starting-a-business/consistency-is-king-queen-and-all-the-aces-in-the-game-of/276700#:~:text=Consistency%20is%20king%2C%20 queen%20and%20all%20the%20aces.,in%20how%20you%20 market%20it (zuletzt abgerufen am 24. Juli 2023)

147 Podcast Team A. »Mit 13 Geschwistern lernst du schnell, mit unterschiedlichen Charakteren zu kommunizieren«. Online verfügbar unter: https://www.manager-magazin.de/harvard/ selbstmanagement/podcast-team-a-wie-die-kindheit-unseren-fuehrungsstil-beeinflusst-a-72c1d800-2ee2-4837-b43a-211db21f79db (zuletzt abgerufen am 24. Juli 2023)

148 LinkedIn, Rick Azas. Online verfügbar unter: https://www. linkedin.com/posts/rick-azas_socialmedia-creators-dmexco-activity-6978269673406533632-f0hm/?trk=public_profile_like_ view&originalSubdomain=de (zuletzt abgerufen am 24. Juli 2023)

149 Jinshan Hong, Yasufumi Saito. Brands Apologize Quickly to China Consumers, Except on Xinjiang. Bloomberg News, 12. Juli 2022. Online verfügbar unter: https://www.bloomberg.com/news/ articles/2022-07-11/brands-apologize-quickly-to-china-consumers-except-on-xinjiang?in_source=embedded-checkout-banner (zuletzt abgerufen am 24. Juli 2023)

150 Megan C. Hills. Three years after ad controversy, D&G is still struggling to win back China. CNN, 17. Juni 2021. Online verfügbar unter: https://edition.cnn.com/style/article/dolce-gabbana-karen-mok-china/index.html (zuletzt abgerufen am 24. Juli 2023)

151 BMW MINI's wonderful rhetorical apology, how dare you think about it! iMedia, 11. Mai 2023. Online verfügbar unter: https://min.news/en/news/9bf634a0cd0b1500f2e8762d5b2e2dde. html (zuletzt abgerufen am 24. Juli 2023)

---

152 Lu Hunter. BMW's Costly Ice Cream Faux Pas: A 2.1 Billion Euro Lesson. LinkedIn, 24. April 2023. Online verfügbar unter: https://www.linkedin.com/in/lu-hunter-98007a41/ (zuletzt abgerufen am 24. Juli 2023)

153 Twitter Gu Lan, 21. April 2023. Online verfügbar unter: https://twitter.com/GuLang64200865 (zuletzt abgerufen am 24. Juli 2023)

154 Lu Hunter. BMW's Costly Ice Cream Faux Pas: A 2.1 Billion Euro Lesson. LinkedIn, 24. April 2023. Online verfügbar unter: https://www.linkedin.com/in/lu-hunter-98007a41/ (zuletzt abgerufen am 24. Juli 2023)

155 Jinshan Hong, Yasufumi Saito. Brands Apologize Quickly to China Consumers, Except on Xinjiang. Bloomberg News, 12. Juli 2022. Online verfügbar unter: https://www.bloomberg.com/news/articles/2022-07-11/brands-apologize-quickly-to-china-consumers-except-on-xinjiang?in_source=embedded-checkout-banner (zuletzt abgerufen am 24. Juli 2023)

156 Kerstin Lohse-Friedrich. CHINAS PUBLIC DIPLOMACY: Wachsendes Reputationsrisiko für internationale Unternehmen. Merics, April 2019. Online verfügbar unter: https://merics.org/sites/default/files/2020-04/SCREEN_Merics_China-Monitor_PublicDiplomacy_deutsch_02_0.pdf (zuletzt abgerufen am 24. Juli 2023)

157 Wituschek, J. Apple executive fired after making crude joke on viral TikTok video. 29. September 2022. Online verfügbar unter: https://www.imore.com/apple/apple-executive-fired-after-making-crude-joke-on-viral-tiktok-video (zuletzt abgerufen am 24. Juli 2023)

158 Schiffer, Z. Apple is allegedly threatening to fire an employee over a viral TikTok video. 15. August 2022. Online verfügbar unter: https://www.theverge.com/2022/8/15/23306722/apple-fire-employee-viral-tiktok-video (zuletzt abgerufen am 24. Juli 2023)

159 LinkedIn Prof. Dr. Dennis-Kenji Kipker. Online verfügbar unter: https://www.linkedin.com/search/results/content/?keywords=Tony%20Blevins%20apple&sid=3Vl&update=urn%3Ali%3Afs_updateV2%3A(urn%3Ali%3Aactivity%3A6981936875942858752%2CBLENDED_SEARCH_FEED%2CEMPTY%2CDEFAULT%2Cfalse (zuletzt abgerufen am 24. Juli 2023)

160 L. Rabe Anzahl der Social-Media-Nutzer weltweit in den Jahren 2012 bis 2023 (in Milliarden). Statista, 3. April 2023. Online verfügbar unter: https://de.statista.com/statistik/daten/ studie/739881/umfrage/monatlich-aktive-social-media-nutzer-weltweit/#:~:text=Im%20Ranking%20der%20größten%20 sozialen,zu%20Google%20gehörende%20Videoportal%20 YouTube (zuletzt abgerufen am 24. Juli 2023)

161 Pat Walls. 30+ Inspirational Alexis Ohanian Quotes [2023] Co-Founder Of Reddit. Starter Story, updated 20. Januar 2022. Online verfügbar unter: https://www.starterstory.com/alexis-ohanian-quotes (zuletzt abgerufen am 24. Juli 2023)

162 Alexis Ohanian. Without Their Permission. The Story of Reddit and a BluePrint for How to Change the World. Grand Central Publishing, 2016. S. 30

163 Alexis Ohanian. How to make a splash in social media. TEDIndia 2009. Online verfügbar unter: https://www.ted.com/ talks/alexis_ohanian_how_to_make_a_splash_in_social_media/ transcript (zuletzt abgerufen am 24. Juli 2023)

164 Eike Kühl. 13 Gründe, weshalb Reddit die beste Website im Netz ist. Die Zeit, 14. August 2021. Online verfügbar unter: https://www.zeit.de/digital/internet/2021-08/reddit-soziales-netzwerk-erfolg-facebook-twitter-internet (zuletzt abgerufen am 24. Juli 2023)

165 Tim Crino. TikTok's Time Might Be Limited, says Reddit Co-Founder Alexis Ohanian. Inc. Magazine, März 2023. Online verfügbar unter: https://www.inc.com/magazine/202303/ tim-crino/tiktoks-time-might-be-limited-says-reddit-co-founder-alexis-ohanian.html (zuletzt abgerufen am 24. Juli 2023)

Personenverzeichnis

Die Autorin

Oxana Zeitler ist eine renommierte Markenstrategin und Expertin für Personal Branding. Als Gründerin der vision2brand Managementberatung berät sie namhafte CEOs und Topmanager führender Unternehmen.
Mit umfassender Erfahrung in digitalen Technologien und effektiven Kommunikationsstrategien stärkt sie die persönlichen Marken ihrer Klienten und festigt deren Führungspositionen. Ihr ganzheitlicher Ansatz ermöglicht es, unternehmerische Entscheidungen an gesellschaftliche Trends anzupassen und ein strategisches Reputationsmanagement erfolgreich aufzubauen.
Great brands are made!

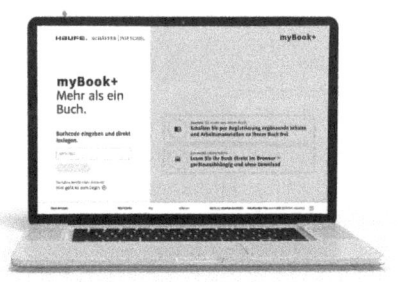

Exklusiv für Buchkäuferinnen und Buchkäufer!

https://mybookplus.de

Buchcode: **RSX-67438**